国家自然科学基金资助项目

无源互调干扰导论

Introduction to Passive Intermodulation Interference

张世全 著

西安电子科技大学出版社

内 容 简 介

本书论述了无源互调干扰的产生机理及其相关分析方法，包括无源互调的产生机理和减小措施、金属接触产生无源互调的机理分析、无源互调产物的一般特性、无源互调干扰对通信系统抗噪性能的影响、无源互调的幅度和功率电平的预测、基于传输线理论的无源互调分析、基于互作用模型的无源互调分析、无源互调的测量方法、移动通信系统的无源互调分析、通信卫星系统的无源互调分析、无源互调散射场的分析和预测、印刷传输线的无源互调分析和波导法兰连接的无源互调分析等内容。

本书可供电子信息类专业研究生和电磁兼容领域工程技术人员使用，也可作为高校各类学生的辅助参考资料。

本书受到国家自然科学基金项目（编号：61072034）的资助。

图书在版编目(CIP)数据

无源互调干扰导论/张世全著. —西安：西安电子科技大学出版社，2014.8
国家自然科学基金资助项目
ISBN 978 - 7 - 5606 - 3442 - 5

Ⅰ. ① 无…　　Ⅱ. ① 张…　　Ⅲ. ① 无源干扰　　Ⅳ. ① TN972

中国版本图书馆 CIP 数据核字(2014)第 173164 号

策　　划　李惠萍
责任编辑　买永莲　　李惠萍
出版发行　西安电子科技大学出版社(西安市太白南路 2 号)
电　　话　(029)88242885　　88201467　　　邮　　编　710071
网　　址　www.xduph.com　　　　　　　　电子邮箱　xdupfxb001@163.com
经　　销　新华书店
印刷单位　陕西天意印务有限责任公司
版　　次　2014 年 8 月第 1 版　　2014 年 8 月第 1 次印刷
开　　本　787 毫米×960 毫米　　1/16　印张 14
字　　数　258 千字
印　　数　1～2000 册
定　　价　23.00 元

ISBN 978 - 7 - 5606 - 3442 - 5/TN

XDUP　3734001－1

* * * 如有印装问题可调换 * * *

—— 前 言 ——

  随着大功率多通道通信系统的不断涌现，新的干扰源——无源互调
(Passive Inter-Modulation，PIM)干扰凸显出来。当多个载波通过无源器
件传输时，合成信号中会产生互调产物，此互调产物一旦落入接收通道，
就会成为接收系统中的寄生干扰之一。无源互调产物常常在多频通信环
境中产生，在船载通信系统、军用通信工作站、共用天线场地、蜂窝式移
动通信基站和卫星通信系统中，都在不同程度上观测到了 PIM 产物。

  本书针对通信系统中的无源互调干扰，对其产生机理、不良影响、
电路模型、分析方法、测量方法和减小措施等进行了研究，给出了几种
关于无源互调幅度和功率电平的预测方法，并给出了一种利用时域物理
光学法计算无源互调散射场的方法，同时分析了移动通信系统和卫星通
信系统中的无源互调的特性和规律等。

  本书共分十五章。第一章对无源互调干扰的研究背景、动机及意义
进行了综述，并介绍了无源互调干扰的定义、研究历史以及研究状况；
第二章探讨无源互调干扰的产生机理；第三章对金属接触机理及其与无
源互调之间的关系进行了分析讨论；第四章介绍无源互调干扰的减小措
施；第五章讨论互调产物的一般行为特性；第六章利用合成干扰模型和
特征函数方法分析和模拟无源互调对通信系统的抗噪性能的影响；第七
章研究基于幂级数法和遗传算法预测无源互调的幅度和功率电平的方
法；第八章根据传输线理论并结合泰勒多项式法，建立一个包含 PIM 源
的电路模型；第九章描述基于相互作用模型的无源互调分析；第十章介
绍无源互调的各种测量方法；第十一章研究移动通信系统中的无源互调
干扰；第十二章分析和计算通信卫星中的无源互调干扰；第十三章研究
基于时域物理光学法的无源互调散射算法分析；第十四章分析印刷传输
线中的无源互调问题；第十五章研讨波导法兰产生无源互调的理论分析

和计算方法。

感谢西安电子科技大学博士生导师葛德彪教授、傅德民教授、魏兵教授以及武警工程大学刘建平教授、王炳和教授、胡记文教授在本书成书过程中所给予的帮助。对曾经共同研究和讨论问题的武警工程大学的青年学者和研究生薛军副教授、王养丽副教授、曾俊副教授、张一闻副教授、江克侠博士、吴秦冬硕士、陈聪硕士、苏宏煌硕士、杨扬硕士、吴少周硕士、蒋江湖硕士、王俪洁硕士、张辉硕士、陈勇进硕士、阁文韬硕士、李卉硕士、全祥锦硕士等，在此一并表示感谢。

本书受到国家自然科学基金项目（编号：61072034）的资助，特致衷心感谢。同时，本书得到了西安电子科技大学出版社领导以及李惠萍编辑等的大力支持，谨此致谢。

欢迎各位专家和读者对本书提出宝贵意见和建议。

张世全

2014 年 3 月于西安

目 录

第一章

绪　论

本章对无源互调干扰的研究背景、动机及意义进行综述，对无源互调干扰的定义、发展历史以及研究状况进行回顾，并简要介绍本书的内容。

1.1　无源互调问题的研究背景及动机

当通信系统同时传输两个或两个以上的载波时，可能产生互调产物。这些互调产物通常出现在工作于频分多址（FDMA）状态下的通信转发器中。在那里，多个载波通过一个饱和或近饱和放大器（放大器通常为行波管放大器（TWTA））进行传输，在这个过程中产生的互调可称为有源互调（AIM），而且发射带宽内的互调干扰主要为 3 阶互调。有源互调产物对通信系统的影响已被许多人研究过，在很大程度上，这个问题已经由 20 世纪 80 年代初出现的时分多址（TDMA）和不断完善的信道得以缓解。然而，在现代通信系统（如卫星通信系统、移动通信网络和航空电子系统）中，由于发射天线同时也可作为接收天线使用（双工工作状态），或至少发射天线位于接收天线附近，大功率发射机和高灵敏度接收机处于有限空间，结果产生了一种必须加以抑制的新的互调干扰源——无源互调（Passive Inter-Modulation，PIM），它是由两个或两个以上的发射载波在无源器件中相遇时产生的基本信号频率的线性组合产物落入接收通带内形成的。举一个简单而又真实的例子（图 1-1），两个载波通过两个靠得

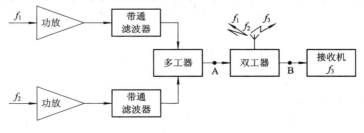

图 1-1　无源互调干扰的简化说明图

很近的信道传输，传输之前在多工器中相加，假设一个天线同时用于发射和接收，双工器用于将发射信号和接收信号分离。在通信子系统中，A 点和 B 点之间的所有部件以前通常都被认为是线性的。但在系统实际工作过程中，诸如金属-金属接头、铁磁材料制成的部件、双工滤波器、天线、反射器表面之类的部件，甚至受天线辐射的飞行器机身部分都发现了不同程度的非线性，致使生成了幅度明显的无源互调产物，结果使接收机灵敏度降低。这个过程即无源互调（PIM）。

PIM 产物在发射系统中检测不到，因为它们远远低于热噪声电平，不会影响发射信号的质量。但是，这些微弱的互调产物一旦被耦合到接收机中，落入接收频段，就会远远超过接收机的热噪声最低容限，并大大降低接收机的灵敏度，从而影响整个通信系统的正常工作，严重时可使整个系统瘫痪。

20 世纪 60、70 年代，国外有不少通信卫星因 PIM 产物影响而发生故障。例如 FLTSATCOM（美国舰队通信卫星）的 3 阶、MARISAR（美国海事卫星）的 13 阶、MARECS（欧洲海事卫星）的 43 阶以及 IS-V（国际通信卫星 V 号）的 27 阶等的 PIM 产物落入接收通带，引起干扰，一度影响了一些国外卫星系统的研制进展和开发使用。近年来，由于电信设施的增加，无源互调问题再度引起人们的注意。

对于最简单的二信号非线性混频情形，每个互调产物之间的频率关系示意图如图 1-2 所示。

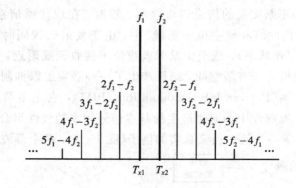

图 1-2　无源器件非线性的输出频谱

在多频环境下，出现在通信系统的接收通带内的互调产物数随系统的载波数的增加而急剧增加，其主要成分 3 阶互调增加得比指数上升还快，在载波数比较多的情况下，PIM 产物的干扰与宽带噪声没有什么区别。互调产物数与传输信道数的关系如图 1-3 所示。

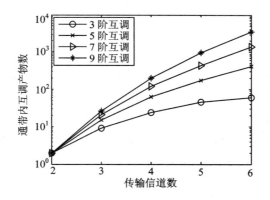

图 1-3 互调产物数与传输信道数的关系

由于互调产物的幅度随阶数的增加而减小,所以较低阶产物更可能引起干扰,比如在移动通信中的主要互调干扰为 3 阶和 5 阶互调。然而,由强信号产生的一些高阶产物的幅度也很大,足以引起严重干扰,这种情况通常发生在卫星通信和潜艇通信中,在这类通信系统中,大功率发射机和低噪声接收机位于同一空间,所以即使几十阶的高阶互调也会造成麻烦。另外,一般不考虑偶数阶互调产物,因为它们通常落在通频带之外。鉴于相同原因,许多奇数产物也可排除在外。只有那些落入接收通频带内的互调产物才会引起干扰和危害。

无源互调产物与有源互调产物的性质大不相同,主要表现在以下几个方面:

(1)无源互调产物用滤波器是无法滤除的。因为若在发射通道加滤波器,则其前面的 PIM 产物虽然可以滤掉,但滤波器之后的 PIM 产物依然无法滤除,结果仍有大量的 PIM 产物落入接收通带内。

(2)无源互调产物随时间变化。无源互调产物在时间上不能保持稳定,它们对物理运动或温度循环或温度变化都极为敏感。因此,必须在各种各样的测试条件下和经过长时间的观察才能得到可靠的数据。

(3)无源互调产物具有门限效应。测量表明,无源互调产物在特定温度或达到特定的功率电平时可以毫无预示地出现。由于这个原因,简单地只在通常规定的范围内测量是不够的,必须建立一定的裕度。

(4)无源互调产物表现出相对于功率电平的不可预知性。在有限的动态范围内,阶数越高,互调产物随功率电平的变化越大。但是,实验还观察到了许多其他关系,包括不随功率电平变化,因为每个离散的互调产物的变化方式不同于随功率电平变化的其他产物(其频谱形状是固定的)。不同于有源互调产物,在无源互调产物和测试条件之间建立固定的关系是不可能的,必须通过大量实验,方可提高测试结果的可信度。

(5)无源互调产物可以呈现宽带噪声特性。例如在测试 INTELSAT V MCS(国际海事通信卫星 V 号)有效载荷时,除了测试前可以预料到的离散谱线外,有时还观察到了宽带噪声;偶尔在无测试载波情况下,还观察到了大幅度的宽带噪声干扰。这种现象可能和多次倍增效应以及微放电混淆,使查找故障原因极端困难。虽然物理机理不同,产生的现象也不同,但设计不好,各种现象都可能出现。

为了解释方便起见,现将上述 PIM 问题定量化。假设 f_1、f_2 的发射功率均为 10 W(40 dBm),且由此形成的 3 阶互调产物落在 $f_{IM3} = 2f_2 - f_1$ 处。进一步假设在 f_{IM3} 处接收机的灵敏度为 -120 dBm,那么 A、B 两点之间(图 1-1)的线性要求应为,发射载波功率与 3 阶互调功率之比 P_C/P_{IM3} 必须超过 160 dB,这样才能使 f_1 和 f_2 处产生的 3 阶互调产物不会降低接收机在 f_{IM3} 处的性能。如此苛刻的要求,使得通常被认为线性的部件变为非线性部件就不足为奇了。当然,对于多个发射载波的通信卫星,每个载波功率超过数十瓦,接收灵敏度低于 -120 dBm,这个问题就变得更为复杂。事实上,现代通信卫星转发机的功率电平可高达数百瓦数量级,PIM 问题更加突出。之前关于 AIM 过程的研究比 PIM 过程要多,但近年来对后者的关注呈上升趋势。两种情况都有一个共同点,即低阶产物的分析数据比高阶产物更容易得到。然而在有些情况下(如卫星通信中),高阶产物更能引起人们的兴趣,这是因为卫星的接收通带距离发射通带较远。事实上,在有些空间发射中,引起干扰的互调产物的阶数可高达27 至 41 阶。

从采集和使用实验数据的能力方面来讲,一般 AIM 数据可以在具有数个载波的发射机中采集,通过设计合理的滤波器可控制 AIM 产物。然而,在 PIM 情形下,无论是采集还是抑制高阶产物都很困难,即使低阶和特高阶 PIM 产物的电平都非常低。另外,这些产物往往在滤波器无法加以抑制的地方(如飞行器主体中)产生。

将互调问题与非线性效应相联系已做了一些工作。此类问题的研究动机大多数都是由 AIM 问题引发的。因此人们的研究主要集中在对发射频带内的干扰有贡献的低阶产物的计算方法上,通过对各种各样的无源器件进行实验观测及理论分析来表征 PIM 特性。但是，对互调产物与各种非线性之间的关系尚未有足够的研究。另外，观测表明，由于以下两个效应，PIM 产物会发生频率扩散：① 一个或多个载波的外加噪声；② 发射载波的频率偏移或相位偏移。相对来说，这些噪声和调制效应尚未知道，或许它们对减小 PIM 干扰有所帮助。假设已知引起干扰的 PIM 的阶数和类型，那么研究这些问题的关键是计算感兴趣的任意频带中的互调电平和频谱。

未来对 PIM 问题的研究内容还应包括：使用各种非线性模型（如材料非线性和接触非线性）对 PIM 进行解析计算，尤其是频率分析和功率电平计算方面还需做大量工作；加强 PIM 测量方法的研究，如对微波器件的实验表征，对空间飞行器硬件的 PIM 效应的试验，对工艺和材料的研究以及对空间飞行器结构和天线结构之间相互作用的研究，等等。

1.2 无源互调问题的几个一般定义

在概述无源互调问题的一般研究方法之前，先给出全书要用到的一些一般定义。为了说明这些定义，我们假设无源器件的非线性传递函数可用下列三阶多项式表征：

$$y = a_1 x + a_2 x^2 + a_3 x^3 \qquad (1-1)$$

这里，x 和 y 分别表示瞬时输入和瞬时输出。为了方便，上式省略了直流项。为了进一步简化分析过程，假设输入由两个幅度为 1 且频率靠得很近的载波组成：

$$x = \cos\omega_1 t + \cos\omega_2 t \qquad (1-2)$$

式中，ω_1 和 ω_2 分别是两载波的角频率，将式(1-2)代入式(1-1)得

$$y(t) = a_1 (\cos\omega_1 t + \cos\omega_2 t) + a_2 \left[1 + \frac{1}{2}\cos 2\omega_1 t + \frac{1}{2}\cos\omega_2 t \right.$$

$$\left. + \frac{1}{2}\cos(\omega_1 + \omega_2)t + \frac{1}{2}\cos(\omega_1 - \omega_2)t \right]$$

$$+ a_3 \left[\frac{5}{4}\cos\omega_1 t + \frac{5}{4}\cos\omega_2 t + \frac{1}{4}\cos 3\omega_1 t \right.$$

$$+ \frac{1}{4}\cos 3\omega_2 t + \frac{1}{2}\cos(2\omega_1 + \omega_2)t$$

$$\left. + \frac{1}{2}\cos(2\omega_1 - \omega_2)t + \frac{1}{2}\cos(2\omega_2 + \omega_1)t + \frac{1}{2}\cos(2\omega_2 - \omega_1)t \right]$$

根据假设，输入频率靠得很近，即其平均频率比其差频大得多，输出可分为四个区域：DC 附近、基频、二阶谐波和三阶谐波。

以上各项归类后可分为以下四组：

(1) 靠近直流的频率：$\omega_1 - \omega_2$，DC。

(2) 靠近 ω_1 和 ω_2 的频率：ω_1，ω_2，$2\omega_2 - \omega_1$，$2\omega_1 - \omega_2$。

(3) 二阶谐波的频率：$2\omega_1$，$2\omega_2$。

(4) 三阶谐波附近的频率：$2\omega_1 + \omega_2$，$\omega_1 + 2\omega_2$，$3\omega_1$，$3\omega_2$。

将上述情形推广到 N 载波情形，设输入频率为 f_1，f_2，$\cdots$，f_N，则平均频率为

$$f_A = \frac{f_1 + f_2 + \cdots + f_N}{N} \tag{1-3}$$

假设平均频率比任何两个频率之差的最大值大得多，输出可分为频率在 f_A、$2f_A$、$3f_A$ 等附近的区域。在 f_A 附近的输出项称为第 1 区域（简称 Ⅰ 区）。对于卫星通信，一般来说其频率计划为：接收带宽比发射带宽的频率高，但是高的程度小于 2 倍，人们对 Ⅰ 区输出更为关注，Ⅰ 区包含基本输出及互调产物。互调产物的频率 f_I 定义为

$$f_I = m_1 f_1 + m_2 f_2 + \cdots + m_N f_N \tag{1-4}$$

式中，m_i 是任意整数。

在 Ⅰ 区，m_i 还应满足下列条件：

$$\sum_{i=1}^{N} m_i = 1 \tag{1-5}$$

例如，对上面的二载波例子来说，基本输出的频率为 f_1 和 f_2，Ⅰ 区互调产物位于 $2f_1 - f_2$ 和 $2f_2 - f_1$ 处。从现在开始，除非特别声明，互调产物均指 Ⅰ 区产物。对于 N 载波的情形，互调产物的阶数定义为

$$C = \sum_{i=1}^{N} |m_i| \tag{1-6}$$

应特别注意的是，根据 3 阶多项式的性质，使用 3 阶多项式时，在 Ⅰ 区仅能得到 3 阶互调产物；对 N 阶情形，对于一定的阶数 M，可能对应多种 m_i 的组合，且同时满足式(1-5)。这些不同组合就是相同阶数的互调产物的类型，所得的互调频率或者相等或者不相等。另外还要注意，同阶数的互调产物存在于平均输入频率 f_A 以上或 f_A 以下。

1.3 无源互调研究的历史回顾及研究意义

对于由多个信号通过非线性器件传输产生的互调产物的计算一直被认为是通信工程中的重要问题。这项研究的先驱是 20 世纪 30 年代和 40 年代的 W. R. Bennett 和 S. O. Rice。Bennett 采用双傅里叶级数展开法计算分析了两个正弦信号通过半波长线性整流器的情况，并扩展到整流器传输函数上，将导电区域用 n 阶多项式而不是简单的线性函数表示。Feuerstein 对多载波情况继续进行了这种分析。Brockbawk 和 Wass 利用非线性函数的幂级数表示提供了多载波分析以及在同轴电缆电话系统中的应用。同时，Middleton 进行了非线性器件的随机噪声的经典分析。上述有关研究的工作报告发表于 20 世纪 30 年代到 50 年代之间。直到 20 世纪 60 年代，多载波加噪声的完整分析才开始出现。但是，最为重要的是，直到空间技术引进通信领域后，对互调问题的深入研究才有了迫切要求并产生了实际动力。

在早期发射的通信卫星中，几乎都采用的是 FDMA 这种信号复用方法，这可能基于这样一个事实：在大多数卫星地面通信网络中，受当时硬件水平的限制，迫使卫星系统使用了 FDMA 方式。在 FDMA 通信卫星中，多路信号通过一个共用的功率放大器传输（通常通过行波管放大器 TWTA）。为了最大限度地提高空间飞行器的能量使用率，TWTA 通常工作在近饱和状态。这样，放大器的非线性变得足以在发射带宽内产生互调产物，这种带内干扰对卫星线路的性能造成不良影响。因此，在 20 世纪 60 年代，人们在 TWTA 的非线性分析上做了大量工作。20 世纪 60 年代末期到 70 年代早期，带内互调干扰信号分析受到了广泛关注。Shimbo 提供了有关 AM - AM、AM - PM、多载波和外加噪声的分析，其分析主要是由变换法推导 TWTA 输出的自相关函数。虽然这种分析方法既完整又严格，但是缺乏简单性和直观性。为此，Lyons 和 Imboldi 及 Stette 对其进行了一定的改进。Shimbo 还分析了 TWTA 在实际系统中的进一步应用。

前面提到的多数研究工作都是关于 TWTA 的非线性引起的互调干扰，它们局限于包含低阶产物的带内互调产物的计算（主要是 3 阶）。20 世纪 70 年代后期，随着时分多址（TDMA）的出现，人们对计算以上类型的互调产物的兴趣有所减弱。但是，随着现代通信设备容量的不断增长与现代通信卫星的通道化特性结合在一起，互调研究以各种方式又重新活跃起来。例如，当大功率载波通过通常认为的线性器件发射时，可能产生 PIM 产物并落入接收通带之内，其电平大小足以降低通信接收机的灵敏度。这个被称为 PIM 产物的机理与 AIM 过程大不相同，用滤波器不能加以抑制。研究发现，能产生足够大的非线性而引起 PIM 问题的器件包括波导接头、铁磁连接器、隔离器、双工器中的滤波器和天线的网状结构等。在 TWTA 问题中，仅用对输入驱动电平进行补偿的方法就能降低互调电平，而对 PIM 问题，如果发现得太晚，解决 PIM 问题通常要付出极其昂贵的代价，比如要对天线结构进行重新设计。这不仅在通信有效载荷的制造方面，在飞行器其他部件和受射频（RF）场辐射的结构方面都必须有很高的工艺要求。虽然采用适当的频率分配计划可能消除 PIM 干扰，但是在多数情况下不能使用这种方法，因为频率分配和其他规则已经预先存在。现在，人们已经逐步认识到严重的射频干扰对当今和未来的通信卫星构成的威胁。

对 PIM 问题的第一次大范围研究是由 IIT 研究所于 20 世纪 60 年代中期承担的，其中研究了一些土星运载工具检测过程中由辐射运载系统激发的结构产生的互调产物。研究发现，PIM 的产生机理是金属接触和普通钢的非线性磁化特性，Cox 对 6 GHz 波导器件进行了类似的研究。测试的器件包括波导接头、可变波导、隔离器和环形器，发现松弛的金属-金属接头和铁磁材料是重要的互调干扰源。对微波传输线、连接器和环形器的特别研究也有报导。这些报导主要是在器件级上的研究。另外，也有关于实际系统 PIM 方面的研究报导，如 Lincoln 实验卫星（LES）、船队通信卫星（FLTSATCOM）、深层空间网络和国防卫星通信系统。Sakozy 和 Chapman 等对 PIM 问题也做了较多的研究，这将在下面进行介绍。

PIM 最早是在收发天线存在于有限空间的船上观察到的，可追溯到由天线结构元件产生通信干扰的"锈栓效应"（Rusty-Bolt Effect）。Krstansky 对这个问题进行第一次系统研究的报告是 1966 年发表的。他明确指出，铁磁材料是互调产生的主要干扰源。当他校准测试设备时发现，把一个真空电容器轴从一个黄铜制的螺钉换成一个钢制件时，这种变化造成的影响是可检测到的。Krstansky 使用 2～5 MHz 范围的频率，主要测量了 3 阶互调产物。他检测了大量的金属材料，发现只有钢、镍和铜产生互调产物。另外，他发现非磁性不锈钢不产生互调产物。但是，这个结果和后来的许多实验结果是矛盾的。这项研究的另一个重要结论是，把铁磁材料用一种非磁性材料电镀后，互调影响降低了 30 dB，而减小实验样品边缘的平滑度，可降低互调电平 3 dB。

后来的工作在很多频段上都证实了上述结论。Betts 在 1973 年检测一个 2～5 MHz 的移动天线系统时发现了一个低于基本信号电平 130 dB 的 3 阶互调产物。Lee 于 1980 年在 300～500 MHz 频带内研究冷轧钢材料时发现了 —44 dBm 的 3 阶互调产物，在研究 303 型不锈钢材料时发现了 —105 dBm 的 3 阶互调产物，这些与他发现的铜或铝产生的 —120～—125 dBm 的互调电平可以比拟。1975 年，海军研究实验室的 Young 在 240～310 MHz 频带内测试各种连接器和馈电器时发现，PIM 产物可能是由具有低导电率的不锈钢镀镍连接器以及包含柯伐材料(亦称铁镍钴合金，是一种含镍 29%、钴 17% 的硬玻璃铁基封接合金)的连接器产生的。由于柯伐材料的热特性与连接器封装中使用的玻璃相匹配，所以它常用在一些密封的连接器中。Young 发现填充柯伐材料的连接器中产生了比 — 140 dBm 的参考电平高 55 dBm 的干扰，在最初的 FLTSATCOM 系统中，亦发现了类似的密封连接器是一种 PIM 干扰源。

由铁磁材料产生的 PIM 已在定量上研究得比较透彻，但是金属-绝缘体-金属(MIM)的机理与此大不一样。第一次把 PIM 产物与 MIM 机理联系起来的是 Higa，他是在 1975 年进行深层空间网状天线相关的噪声研究时提出的。他采用一种实验仿真，在组装天线反射面使用的螺栓上进行了 $Al - Al_2O_3 - Al$ 连接的 S 波段 PIM 噪声跟踪测试。他第一次指出商用材料上的氧化物厚度和产生具有非线性电压/电流曲线的连接物所需要的厚度相似。Higa 还测量了 X 波段的 PIM 噪声，结果并没有发现噪声的影响，这说明 X 波段的 PIM 影响比 S 波段至少低 30 dB。Higa 的数据暗示，PIM 产物除了有其他机理解释外，还可以部分地用 MIM 机理来解释。

1979 年，Bond 发表了关于测试类似于 Higa 的氧化物的 PIM 结果。他的工作得到了一个重要事实，即由通过 MIM 连接物的电子遂道效应能够引起 PIM。Bond 测试了几组铝氧化连接物在 240～320 MHz 频带内的情况，发现当输入功率为 1 W、输出功率为 0.5 W 时，产生的 PIM 电平在 — 110～ —135 dBm 之间。他对 PIM 电平和连接处的电结构与物理特性的关系进行了广泛的研究之后，断定该结果与电子遂道效应一致。Bond 还测量了连接物参数的时间相关性。连接物电容表现为常数，连接物电阻基本上随时间增加，而伴随着电阻的增加，PIM 电平亦增加。然而在一些连接物样品中，时间增加后电阻突然下降，几乎降到零，与此同时，PIM 电平亦降低。这种时间依赖关系的产生机理现在还不是很清楚，但可以认为是实际系统中观察到 PIM 电平产生某些起伏的原因。

Lee 在 1980 年假定，导体电阻的非线性可能导致 PIM 产物。他测量了不同长度的相似电缆产生的 PIM 产物，发现与他人得到的结果一致：PIM 电平随电缆长度增加而增加。他发现所得数据与基于电缆导体非线性电阻率的一个模型之间有着合理的吻合，还发现具有非线性电阻率的石墨会产生很高的 PIM 电平。这些 PIM 电平也和他的模型一致。在大多数存在连接器、接触点的实际系统中，弱非线性可能是观察不到的。然而，Lee 的结果表明了一个残余 PIM 电平（即尽力消除了所有 PIM 源的系统所表现出来的 PIM 电平，例如，对一个测量系统自身产生的无源互调，叫做测量系统的残余 PIM 电平），即使对一个全部触点都消除的"理想"系统，这个残余 PIM 电平仍然存在。

Chapman 于 1976 年在 8 GHz 波段测试了一些天线馈源，发现 PIM 电平和系统的制造技术及工艺质量有密切关系。Chapman 还发现调谐螺栓是 PIM 产生的重要来源。除了 MIM 机理外，Chapman 还把 PIM 产物归结于金属表面缝隙和气孔的微放电和与接触表面污染有关的非线性上。

P. L. Lui 对地面移动无线电设备的无源互调进行了研究，研制了微型计算机控制的 PIM 测量系统，并对 VHF 波段的低阶 PIM 产物进行了测量，对与产生 PIM 产物密切相关的参量进行了讨论。

反射面天线中的金属连接是潜在的无源互调源，为了对这样的无源互调源定位，Aspden、Anderson 和 Bennett 使用了一种新颖的方法——微波全息成像法。这种方法能得出较为满意的结果，亦可用于估算反射面天线的性能。

当无源互调源在系统器件（包括多用耦合器、同轴电缆、连接器、波导和天线）内时，可采用基于脉冲反射计原理的方法确定无源互调源的位置，这种方法可对长度直至 150 m 的馈电器的无源互调源进行定位。此系统传送两路射频信号到馈电器，测量由无源互调源产生的返回互调脉冲，探测器提供了无源互调源位置的信息，且长度分辨率小于 1 m。换句话说，无源互调源的位置可由沿着馈电器的不同位置的衰减相加来确定，无源互调源的功率电平变化反映源的位置。

当无源互调源处于外部环境（例如支撑结构、塔和天线塔器件、铁丝网和附近的任何金属物体）时，最广泛使用的方法是用连接到便携式无线电接收机上的环形天线或频谱分析仪搜索可疑区域。虽然要使用相关的谐波信号和互调信号，但是探测器通常被调谐到干扰信号处。在强场区域进行方向搜寻操作时，必须小心谨慎。为了确保探测器中不产生互调产物，可给探测器装上屏蔽装置或滤波器。

许多研究者在 RF 部件上测量了 PIM 产物。表 1-1 给出了包括测试部件和测试频段等在内的有用信息。

表 1-1 部分射频部件的无源互调产物

研究者及研究时间	所研究的频带	测量的互调阶数	所研究的部件
Cox, 1970	6 GHz	3 阶, 5 阶, 7 阶	RF（射频）部件
Bayrak, 1975	3 GHz（S 波段）	3 阶, 5 阶	相似和不相似金属接触
Chapman, 1976 Rootsey, 1973	7.9～8.4 GHz	3 阶	天线馈源、滤波器和波导部件
Amin, 1977, 1978	L, S, C（1～8 GHz）	3 阶, 5 阶	同轴电缆和连接器
Lee, 1980	245 MHz, 268 MHz	3 阶	同轴电缆和连接器
Arazm, 1980	1.5 GHz	3 阶, 5 阶	同轴电缆和连接器
Woody, 1982 Shands, 1984	22～425 MHz	3 阶	同轴电缆和连接器
Martin, 1978	HF～UHF	3 阶	同轴电缆、连接器和金属
Young, 1976	VHF	3 阶	连接器
Kellar, 1984	VHF	3 阶	连接器
Betts, 1972, 1973	1～5 GHz	3 阶	金属
Lee, 1977	VHF～UHF	3 阶	碳纤维、同轴电缆和金属
Nuding, 1974	2 GHz	3 阶	波导法兰和部件
Siegenthaler, 1988	2 GHz	3 阶	法兰、定向耦合器和环形器
Kong	VHF～UHF	5 阶, 19 阶, 21 阶	波导法兰和部件
Higa, 1975	2 GHz	91 阶	反射器
Guenzer, 1976 Bond, 1979	VHF	3 阶	反射器
Aspden, 1988, 1989	7 GHz	3 阶	反射器
Gardiner, 1984	VHF	3 阶	多工器
Kudsia, 1979	UHF	3 阶	双工器

续表

研究者及研究时间	所研究的频带	测量的互调阶数	所研究的部件
Hall, 1989	L band Ku band	9 阶，11 阶，21～33 阶	馈电器、反射器
Liu, 1990	VHF	3 阶	大型结构部件
Huber, 1993	900 MHz	3 阶	电缆连接器、环形器
Schennum, 1996	Ku band	3 阶	通信卫星天线
Rosenberger, 1999	900 MHz, 1.8 GHz	3 阶	同轴电缆和连接器
Golikov, 2001	UHF	3 阶	移动通信天线
Golikov, 2004	900 MHz	3 阶，5 阶	负载
Golikov, Dmitry, 2009	900 MHz	3 阶，5 阶，7 阶	印刷传输线
Wilkerson, 2010	400 MHz	3 阶	衰减器

Sarkozy 对 PIM 干扰问题提出了一种定量方法，他用 n 次多项式拟合轻微非线性，这种近似大大简化了计算。Sarkozy 制成了软件包，将具有高斯谱密度的带限效应也包含在内，对通信卫星中 12 个通道的实际测量结果与多项式法的分析结果非常符合。Chapman 等做了一个内容较多的 PIM 研究，包括产生机理、解析计算和检测方法。虽然有关 PIM 过程的严格的物理解释尚未弄清，但已证实它主要由三个方面的因素决定：① 通过分隔金属连接处的薄氧化层的电子隧道效应和半导体行为；② 穿过微狭缝、触须或金属结构中砂眼的微放电；③ 与污染物、金属粒子和金属表面的碳化相联系的非线性。这些过程从本质上讲都是微观的，系统的整体 PIM 效应实际上是许多微观过程的综合。由于几何结构和构造的不确定性，对这些微观过程的严格建模是非常困难的。正是这些困难的存在，Chapman 提出了半实验方法，即对非线性传递函数及其依赖性提出适当的假设，然后将数学模型与实验结果相联系，以便在不同电平处预测 PIM 产物，而不是仅仅依靠实验结果。之后他得出结论，仔细的制作过程和清洗对减小 PIM 很有帮助。

在 PIM 研究中，大多数人都认识到了多载波产生多种互调产物的复杂性。分析计算这种情况下的 PIM 行为必须先弄清楚哪些类型和阶数的互调产物会产生干扰，Eng 对此做了仔细的研究。也有研究者对 PIM 频率方面做了研究，对硬限幅器这种典型的非线性情形也进行了讨论。

无源互调问题是大功率多通道通信系统研究的关键课题和突出问题之一，

也是现代卫星通信、移动通信和航空电子系统必须考虑的问题。通过本书中提供的研究，可将无源互调的研究推向更高层次，为我国大功率卫星有效载荷和民用无线电通信系统及移动通信系统研制中的电磁兼容提供设计指南和理论支持，对现代通信系统的设计和研制也有一定的参考价值、实用价值，并有一定的应用前景。

1.4 本书的内容安排

本书主要论述通信和电子系统中的无源互调干扰，对其产生机理、理论分析、算法实现、不良影响和减小措施进行系统阐述。全书共分为十五章。

第一章对无源互调干扰的研究背景、动机及意义进行综述，并对无源互调干扰的定义、发展历史以及研究状况进行回顾。

第二章探讨无源互调干扰的产生机理。指出通信系统中的 PIM 干扰的两种来源，即接触非线性和材料非线性。前者表示任何具有非线性电流/电压行为的接触（如松动、氧化和腐蚀金属连接）引起的非线性；后者指的是具有固有非线性导电特性的材料（如铁磁材料和碳纤维）引起的非线性。

第三章对金属接触机理及其与无源互调之间的关系进行分析讨论。首先介绍金属接触研究的重要性及复杂性，根据金属接触的机械特性和表面几何结构，建立相应的表面模型和机械模型。其次，分析金属-金属接触和无直接金属-金属接触的基本规律，指出这种系统的非线性响应将产生无源互调产物。

第四章介绍无源互调干扰的减小措施，包括一般措施、使用非线性插入网络抵消无源互调的方法和使用宽带可调互调源减小无源互调的方法。

第五章讨论互调产物的一般行为特性。假设传递函数为无记忆传递函数，并将它分解为奇次项和偶次项，以便计算各阶互调产物的具体形式。采用傅里叶级数法，在二载波情形中，分析两种类型的传递函数（分段线性和连续软限幅器）互调产物，特别是高阶产物的一般行为特性。采用瞬时传递函数和傅里叶分析相结合的方法，提供计算互调产物的简便途径。同时，推导二载波情形互调产物的一般表达式，并对以上提到的两种不同的传递函数的互调产物进行数值计算。

第六章利用合成干扰模型和特征函数方法分析和模拟无源互调干扰对通信系统的抗噪性能的影响。该模型的主要思想包括：① 在输入载波频率附近加入最低阶互调产物；② 通过载波附近的频谱扩展，用随机相位的恒定包络载波表示通带带宽邻近的其他互调干扰；③ 在接收机噪声中考虑高斯白噪声的影响。利用合成干扰模型可以使 PIM 干扰问题简化为数学上容易处理的形式。对 2PSK 和 QPSK 系统的误码率与信噪比之间的关系进行数值模拟。

第七章介绍利用幂级数法预测无源互调的幅度和功率电平的一般思路与方法，推导由低阶无源互调测量值预测高阶无源互调（特别是奇次互调）幅度和功率的通用数学表达式，编程实现用 3 阶无源互调的测量值预测 5 阶无源互调的功率，并用实验进行验证。采用双指数法结合遗传算法进行无源互调功率电平的预测，数值结果表明其预测精度高于幂级数法。最后对发送到负载上的互调功率以及 3 阶互调功率随发射载波功率之比的变化规律进行讨论。

第八章根据传输线理论，结合泰勒多项式法，假设 PIM 源与时间无关，建立一个包含 PIM 源的电路模型，说明 PIM 信号对负载阻抗和功率的依赖性，预测反向和正向 PIM 行波的差别，解释 PIM 的近场测量结果。然后讨论 PIM 源的叠加。最后结合传输线理念和多项式模型分析微波系统中的 SMA 连接器的无源互调问题。

第九章根据线性-非线性相互作用的理念，建立互作用电路模型，研究线性-非线性相互作用产生无源互调的物理机理，进行相关的理论分析和测量实例分析。根据互作用模型，解释微波系统中非常规的 3 阶互调产物的功率依赖性，进而区分不同类型的非线性。测量实例说明，根据线性-非线性相互作用模型，非焊接金属接触产生的无源互调失真由电阻减小非线性的规律产生，而电热非线性能够产生期望的电阻增加非线性行为。

第十章介绍无源互调的各种测量方法，包括直通测量法、发射测量法、辐射测量法、再辐射测量法和整星级测量法，分析影响测量精度的各种因素和测量的不确定性。

第十一章研究移动通信系统中的无源互调干扰。首先采用两种模型对移动通信基站设备中的电缆组件内的 3 阶 PIM 失真进行分析和讨论；接着描述移动通信天线的无源互调特性；最后介绍移动通信系统无源互调的测量。

第十二章分析和计算通信卫星中的无源互调干扰。通过对一个典型的 C 波段通信卫星系统的分析，根据功率谱密度与自相关函数的傅里叶变换关系，求出 n 阶 PIM 失真的功率谱密度的近似表示式。分别对两种情况，即宽带高斯信号和窄带高斯信号，计算非线性通道中的线性输出功率和失真输出功率以及 PIM 失真功率与二载波测量的 PIM 功率之比。

第十三章通过对金属-金属接触非线性产生的无源互调的分析，提出一种使用时域物理光学法的试探性的非线性扩展处理无源互调散射这种非线性散射问题的方法。在这种方法中，我们不引进修正边缘电流，而是让表面阻抗由线性值到非线性值做平滑变化，这种选择产生了不连续电流。为了简单起见，试探性地引进一种适当的函数，让这种平滑变化来源于从非线性到线性板的反射系数，而不是来源于表面阻抗本身。通过建模编程，计算基于反正切特性模型的无源互调散射远场和近场的电场场值及其随各项参数变化的规律。

第十四章分析印刷传输线中的无源互调问题。首先，根据一种具有微弱的分布式非线性电阻的传输线模型，对 PIM 的产生机理进行分析研究；其次，通过印刷传输线上 PIM 产物分布的近场测量结果，对模型进行验证；最后，介绍双音测试系统对蓝玉和融化石英传输线的 PIM 的测量，提出低 PIM 印刷电路板的设计指南。

第十五章对波导法兰产生 PIM 进行理论分析和数值计算，从而加深对波导结的接触非线性产生 PIM 的物理根源和参数影响的认识，并给出一般情况下的波导法兰连接的 PIM 测量方法，为以后遇到的此类问题提供快速有效的解决途径。

第二章

无源互调的产生机理

本章探讨无源互调的产生机理，指出无源互调干扰的两种来源，即接触非线性和材料非线性，并对几种重要的非线性机理（半导体机理、电子隧道效应、热离子发射机理、电热耦合机理、微放电效应和接触机理）进行重点介绍。

2.1 无源互调的产生机理概述

为了比较全面地理解无源互调干扰问题，有必要先来了解作为无源互调产生根源的无源非线性的类型和机理。实验表明，许多无源互调干扰由生锈连接和松动金属连接所致，因而在历史上常常用"锈栓效应"这个术语描述无源互调干扰问题。实际上，这种描述具有一定的片面性，微波和射频频段通信系统中的 PIM 干扰主要来自两种无源非线性，即接触非线性和材料非线性。前者表示任何具有非线性电流/电压行为的接触（如松动、氧化和腐蚀金属连接）引起的非线性；后者指的是具有固有非线性导电特性的材料（如铁磁材料和碳纤维）引起的非线性。

2.1.1 接触非线性引起 PIM 产物

接触非线性主要包括由材料结构和时间相关现象引起的非线性效应。

（1）由材料结构引起的非线性，例如连接器、波导法兰盘、调谐螺钉、铆钉接合点以及裂缝等。其产生机理主要包括由接合面上的点接触引起的机械效应，由点电子接触引起的电子效应，由点电子接触和局部大电流引起的热效应，如同轴电缆和波导。

（2）由时间相关现象引起的非线性，主要包括斑点尺寸随着电流的通过而增大，由强直流电流引起的金属导体中离子的电迁移，引起接触面相对运动的热循环（如编制电缆），引起接触面相对运动的振动和磨损，不同热膨胀系数的器件（例如，波导的螺栓和法兰盘之间）接触引起的热循环（这样会损失一部分为保持足够低的 PIM 产物所需要的足够大的接触力），金属接触的松动和滑动以及氧化层或污染物的增加。

2.1.2 材料非线性引起 PIM 产物

引起 PIM 产物的材料非线性现象主要包括以下几方面：

（1）电介质薄层的电子遂道效应（电子通过厚度小于 50 Å 的电介质薄层，直接由一个导体到另一个导体的隧道贯穿）。这是最常指的产生机理之一，如由氧化层分离的铝器件之间的电子隧道效应。

（2）铁磁效应。铁磁材料具有很高的磁导率，并随磁场作非线性变化，显示出磁滞特性。铁磁材料（例如铁、钴、镍）能引起很强的 PIM 产物。

（3）由接触表面的薄表面层和污染层所引起的接触电容。

（4）电致伸缩。电场引起线度变化，比如产生于聚四氟乙烯（PTFE）电介质中的电致伸缩对同轴电缆中产生的 PIM 产物有贡献。

（5）磁阻。磁场引起金属导体电阻的变化。

（6）电滞效应。材料的电偶极子具有自排列趋势。

（7）磁致伸缩。磁场引起线度变化产生于铁磁材料之内，但是，它产生的 PIM 比铁磁效应产生的 PIM 小。

（8）微放电效应。由于强电场产生离子气体而引起二次电子倍增，如在微狭缝之间和跨越金属中砂眼的微放电。在波导法兰盘之间由此效应可引起 PIM 产物。

（9）电介质击穿（强电场，但非破坏性，固态电介质击穿）。几种可能的机理引起以这种形式产生的 PIM，包括由于焦耳热引起的热击穿和雪崩。

（10）空间电荷效应（带电载流子在接触点进入绝缘体或半导体）。这个效应产生非均匀内部电场，使电流密度与施加场之间呈非线性关系。在半导体中，由于同时存在电子和空穴，因而可产生很强的非线性电流-电压关系。

（11）离子导电（由离子或空穴引起的导电，跳入绝缘体的邻近位置）。所加电场增强了这种效应，对于强电场，这是非线性效应。在 RF 波段和微波频段，直流分量较小时，这个效应没有其他机理重要。换句话说，直流分量大时，这个效应才显示出来。

（12）热离子发射效应（由于热能的统计分布引起电子穿过势垒的效应）。该效应可以在导体的氧化膜上产生，具有非线性电压-电流响应。在温度高于 $-40℃$ 时，这个效应才明显显示出来。

（13）场发射（电子穿过势垒的量子力学隧道效应）。在强电场情况下，电流密度随场强非线性变化。这个效应对温度的依赖性没有热离子发射那么强，而且发生于低温情况。

（14）内部肖特基效应。该效应类似于热离子发射效应，但起源于绝缘体或半导体材料内部填充的陷阱，是一种非线性效应。

（15）内场发射（电荷从束缚态到导带的量子力学隧道效应）。在强电场存在的情况下，这种效应比热离子发射更为明显。

上述分析假设或怀疑了多种微机理与无源互调非线性的关系，下面仅对这些机理中最为突出的机理进行较为深入的讨论。

2.2　半导体机理

当常用金属暴露在空气中时，其表面容易形成一层氧化膜，结果在接触面处形成金属-氧化物-金属结。在多数公开发表的文献中，总是假设金属接触的行为类似金属-氧化物-金属半导体结或金属-绝缘体-金属结，而且具有非线性电压-电流特性。但是，之前关于非线性机理的研究指出，除非下列三个条件同时满足，半导体机理才提供合理的解释：

（1）非线性与大气压力无关；

（2）大阻抗接触产生的无源互调电平与直流偏置有关；

（3）形成一定厚度的氧化层后，无源互调电平应与氧化层厚度无关。

许多非线性接触实验都已表明条件（1）和条件（3）可以满足，但是条件（2）不容易满足。因为三个条件不易同时满足，所以可以得出结论：经典的半导体理论不能很好解释金属接触的非线性效应。由 PIM 测量结果可得，即使半导体机理与金属接触的非线性接触效应有关，它都不可能是主要的机理，因为松动的接触比氧化接触会产生更大的互调信号。

2.3　电子隧道效应机理

很多导电机理都可看做 PIM 产生源，其中之一就是穿过金属氧化薄层之间的电子隧道效应，这样的氧化薄层通常存在于天线、法兰盘、底盘配件和其他附属于发射机-接收机系统的 RF 载流结构中。

关于金属-金属接触的微观机理非常复杂，目前尚未完全弄明白。很多相互作用的变量交织在一起，对非线性接触均有贡献，如电流密度和微观接触面积、接触压力、氧化过程、氧化裂缝和再生、表面污染、扩散、老化以及温度等都会产生非线性效应。由于多种接触机理同时存在，所以对实际系统中的硬件接触的隧道效应的实验研究遇到了可控制性、再生性和理论上的相关性等诸多方面的困难。电子通过绝缘层的隧道效应理论可解释金属与金属接触形成的薄膜的厚度小于 50 Å 时的非线性。

量子力学早期的成功之一就是对电子穿过薄绝缘层的隧道效应的解释，而电子隧道效应理论基于这样的事实：在任何金属与绝缘体的交接面上，自由电子波函数 ψ_e 仅延伸到绝缘体内几个 Å 的深度。在大尺寸绝缘体中，波函数很快衰减为很小的值，以至于这个效应不明显。但是，如果绝缘体的厚度小于 50 Å（如铝氧化层厚度的典型值仅为 30 Å），那么在整个绝缘体内波函数 ψ_e 为一非零有限值，并产生可观测的电子从绝缘体一端穿入、另一端穿出的概率。

电子隧道效应势垒函数和波函数分布如图 2-1 所示，左边的扩展波函数 ψ_e 在幅度和斜率方面均与绝缘体内的指数衰减相匹配，类似地，在其变为零之前与右边金属中的扩展波函数相匹配。

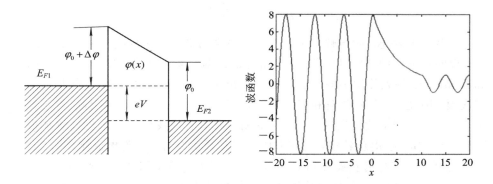

图 2-1　电子隧道效应势垒函数和波函数分布示意图

由于温度的影响很小，所以我们只讨论在一个方向上的隧道电流密度的零温度表示式：

$$J_{tu} = \frac{me}{2\pi\hbar}\left[eV\int_0^{E_{F1}-eV} P(E)\,\mathrm{d}E + \int_{E_{F1}-eV}^{E_{F1}} (E_{F1}-E)P(E)\,\mathrm{d}E \right] \quad (2-1)$$

式中，V 是结两端的电压，E_{F1} 是图 2-1 的左边金属中电子分布的费米能级，$P(E)$ 是跨越能量 E 的电子的隧道传输概率，e 是电子电荷，$\hbar=\dfrac{h}{2\pi}$（h 是普朗克常数），m 是电子质量。

计算 $P(E)$ 的一般方法是 WKB（三位作者 Wentzel、Kramer 和 Brillouin 的首字母缩略语）近似法，其表达式为

$$P(E) = \exp\left[-\int_S \sqrt{\frac{2m}{\hbar^2}\left[\varphi(x)-E\right]}\,\mathrm{d}x \right] \quad (2-2)$$

式中，$\varphi(x)$ 是作用在氧化层经典禁区内电子的局部势垒函数，积分区域为禁区 S 的宽度。在图 2-1 所示的简单梯形势垒情况下，从右到左 $P(E)$ 可严格表示为

$$P(E) = \exp\left\{ -\frac{4}{3} \times \frac{2m}{\hbar} \left(\frac{S}{eV + \Delta\varphi} \right) \cdot \left[(E + \varphi_0 + \Delta\varphi)^{\frac{2}{3}} - (E + \varphi_0)^{\frac{2}{3}} \right] \right\}$$

$$(2-3)$$

这个指数表达式很复杂，因此，式(2-1)中的最后一个积分不能严格求解，Forlani 和 Minnaja 将指数宗量在费米能级平均值内扩展，得到关于隧道电流密度的近似解析式。将 Forlani - Minnaja 方程对电压进行泰勒展开，并取到第四阶，如下式所示：

$$J_{tu} = \frac{me}{2\pi^2\hbar^3} \exp(-A\overline{\varphi}^{-\frac{1}{2}}) \left[\left(\frac{2\overline{\varphi}^{-\frac{1}{2}}}{A} + \frac{2}{A^2} \right) eV + \frac{A}{48\overline{\varphi}^{-\frac{1}{2}}} (eV)^3 \right] \quad (2-4)$$

式中，参量 A 定义为

$$A = \frac{4\pi S}{\hbar} \sqrt{2m}$$

对接口势垒 $\Delta\varphi$ 的依赖性由两个接口势垒的平均值 $\overline{\varphi}$ 反映出来，若缺少 V^2 项，说明通道结的非线性电流-电压特性曲线对坐标原点对称。但是，Stratton 和 Brinkman 等人使用不同的展开方法得出了正比于 $\Delta\varphi$ 的二次项以及很大的三次项。因此，即使对二阶和三阶项的幅度，最简单的理论也可引起不确定性。为了使用隧道结，我们发现式(2-4)相对简单，它使我们能够比较满意地描述实验所得的电流-电压特性，比较方便地将互调功率与结器件电流相联系。

对互调的产生有重要影响的基本结特性是非线性电阻特性和影响射频导电的电容。Bond 用标准的四点装置测量了结的非线性直流电流-电压特性。隧道结的两脚之间接一个驱动电流为 3 nA～1 mA 的程控恒流源；数字电压表接在另两脚之间，用于测量结两端的电压。由于电压表的输入阻抗很大，所以从电流源流入电压表电路的电流可以忽略不计，而电流可由数字万用表测量。

典型的金属接触结的伏安特性曲线如图 2-2 所示。

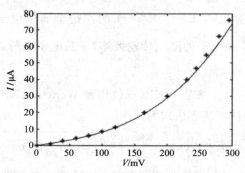

图 2-2　金属接触结的伏安特性曲线

从实验曲线可以看出，从电压为一定大小以上开始出现了较为明显的非线性。对于隧道结，直流电流-电压特性可用下式表示：

$$I = G_0 V + \alpha G_0 V^3$$

式中，G_0 是线性电导，α 是衡量与线性的偏离程度的比率。式中没有 V^2 项，这是因为隧道电流本质上是以伏安特性曲线的原点为对称的（见公式（2-4）），且 V^2 项不产生落入接收通带内的互调频率。当输入信号为等幅二载波情况时，在实验观测的基波频率 f_1、f_2 和互调频率 $2f_2 - f_1$ 处的输出电流为

$$I(t) = G_0(V_1 \cos 2\pi f_1 + V_2 \cos 2\pi f_2) + \frac{3}{4}\alpha G_0 V_1 V_2^2 \cos 2\pi(2f_2 - f_1)$$

$$= I_0(t) + I_{IM}(t)$$

注意，$I(t)$ 是通过非线性电阻 R_0 的电流，$I_0(t)$ 是频率 f_1 和 f_2 处的原驱动电流，$I_{IM}(t)$ 是互调频率 $2f_2 - f_1$ 处的互调电流。互调电流的峰值为

$$I_{IM(peak)} = \frac{3}{4}\alpha G_0 V_1 V_2^2 \qquad (2-5)$$

式中，V_1 和 V_2 可由总的传输功率 P_T 计算，有

$$V_1 = X_{C1}\left(\frac{P_T}{r_s + r_1}\right)^{\frac{1}{2}}, \qquad V_2 = X_{C2}\left(\frac{P_T}{r_s + r_1}\right)^{\frac{1}{2}}$$

式中，X_{C1} 和 X_{C2} 是 f_1 和 f_2 处的容抗，r_s 为隧道结中的串联电阻，r_1 为测量图（如图 2-3 所示）中的负载电阻。将上面两式代入式（2-5），得

$$I_{IM(peak)} = \frac{3}{4}\alpha G_0\left(\frac{P_T}{r_s + r_1}\right)^{\frac{3}{2}} X_{C1} X_{C2}^2 \qquad (2-6)$$

该处的互调电流可看做由非线性元件 R_0 产生的，这个电流源与结电容并联，由于在 290 MHz 处，$X_C \ll r_s + r_1$，所以多数电流都通过 C 旁路，那么 C 两端的电压，也就是说，外负载（$r_s + r_1$）两端的电压可用下式表示：

$$V_{IM(peak)} = I_{IM(peak)} X_{C,\,IM} \qquad (2-7)$$

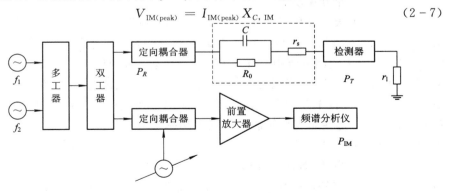

图 2-3　隧道结产生无源互调的测量框图

式中，$X_{C,\text{IM}}$ 为 290 MHz 处的容抗，因此，消耗在 $(r_s + r_1)$ 中的互调功率为

$$P_{\text{IM}} = \frac{(V_{\text{IM(peak)}}^2 \cos^2 (2\omega_2 - \omega_1)t)}{r_s + r_1} = \frac{1}{2} \frac{V_{\text{IM(peak)}}^2}{r_s + r_1} \qquad (2-8)$$

解方程组 $(2-6) \sim (2-8)$，得

$$P_{\text{IM}} = \frac{1}{32} \alpha^2 P_T^3 \frac{X_{C1}^2 X_{C2}^4 X_{C,\text{IM}}^2}{R_0^2 (r_s + r_1)^4} \qquad (2-9)$$

采用适当的趋肤厚度修正后，根据上式可以较为满意地解释互调功率对隧道结诸参量的依赖性。

为了消除或减小金属接触中的隧道结对互调的影响，要么彻底去除绝缘薄膜（即氧化层），要么对金属-氧化物-金属表面进行修整。在金属表面或金属板内制作没有氧化层或污染薄膜的整体硬件，似乎提供了一种消除或减小金属接触中的隧道结的有效途径。另一种途径是修整金属-绝缘体-金属表面，使金属接触的导电性更好，线性更好，时间相关效应更小。Bond 等采用在氧化物表面注入金属离子的方法，作为一种减小隧道效应引起的互调产物的方法。Khattab 等提出了一种低 PIM 器件设计原理，可以克服同轴连接器中的接触非线性的无源互调干扰。

对铝-三氧化二铝-铝电子隧道结的研究结果表明，接触面积为 $0.015 \sim 0.0015 \ \text{cm}^2$ 的隧道结产生的互调电平比发射功率电平低 $150 \sim 110 \ \text{dB}$，对应于互调功率与信号功率之比为 $10^{-15} \sim 10^{-11}$，由于理想情况下互调与信号功率之比应小于 10^{-19}，因此电子隧道效应似乎是较强的互调产生源。

图 2-3 是隧道结产生无源互调的测量框图。图中虚线框内为隧道结的等效电路。定向耦合器用于测量入射射频功率和反射射频功率，检测器用于测量发射信号的射频功率，频谱分析仪通过与参考信号（由校准信号发生器产生）相比较的方法来测量互调功率。

大型反射型天线使用轻的薄铝面板经过铝制铆钉铆接加固而成，连接到主天线结构上形成抛物反射面，其主要组成部分是金属-绝缘体-金属结（MIM 结），它暴露于天线面电流中。当大功率微波辐射照射 MIM 结时，产生寄生信号。特别是，由于穿过薄绝缘层的电子隧道效应，可以证明 MIM 结是由铝-三氧化二铝-铝非线性电路元器件组成的，当两个或两个以上的发射机在不同频率同时使用时，这些非线性元器件受到大功率微波信号照射时就会产生噪声，即产生互调信号。

深层空间网络（DSN）由直径为 $26 \sim 64 \ \text{m}$ 的抛物面天线组成，这些天线一般用于同时发射信号（在 2115 MHz）和接收来自航天飞行器的遥感勘测信号（在 2295 MHz）。许多航天行星发射时都需要在两个不同频率同时发射和在多

个不同频率同时接收。在这种情况下，可使用共用馈电喇叭和波导滤波器（双工器）使发射通道与接收通道相隔离。使用这些双工系统时应特别小心，以免产生通道之间的交叉干扰，然而，由于外来耦合源的存在，仍然会影响系统的灵敏度。这种情况在 DSN 天线中特别容易发生。DSN 天线能以数百瓦的功率发射，同时又能在微波激射器中接收到小至 -180 dBm 的微弱信号，发射通道功率电平与接收通道的功率电平之比可高达 250 dB。在这种情况下，电子在 MIM 结上的量子力学隧道效应下产生可检测的寄生信号是不足为奇的。

在检测实现两个火星空间飞行器之间同时通信的可行性实验时，对天线的寄生信号进行了观测。在 S 波段，两个发射频道的间隔为 4 MHz（如 2111 MHz 和 2115 MHz），而两个接收频道位于 2290～2300 MHz 频带内。这些测试表明，即使消除了所有的内部干扰源，仍会留下微弱的互调信号和随机噪声脉冲。另外也存在阈值效应，当发射机的功率电平在 10 kW 的数量级时，才能观测到这种现象。对铝-三氧化二铝-铝结的研究表明，与电子的德布罗意波长相比，当氧化层足够薄时（20～40Å），薄膜才显示出非线性电流-电压特性。一系列简单的实验证明，天线的非线性行为来自天线表面的铝-三氧化二铝-铝结。

2.4　热离子发射效应机理

2.4.1　热离子发射

在 MIM 结构中，在克服势垒情况下热离子发射电流是由一块金属流向另一块金属的电子决定的。MIM 结构中的热离子电流很容易求得，这里仅简要介绍。

在金属与真空交界处，电子克服逸出功形成的电流由 Richardson - Dushman 方程决定：

$$J_{th} = AT^2 e^{\frac{-W}{kT}} \qquad (2-10)$$

式中，W 为金属逸出功，$A = \dfrac{4\pi m e k^2}{h^3}$，$m$ 和 e 分别是电子的质量和电量，T 为温度，k 为玻尔兹曼常数，h 为普朗克常数。

在有两种金属的情况下，总电流为两个反向流动的电流之差：

$$J_{th} = AT^2 \{ e^{\frac{-\varphi_1}{kT}} - e^{\frac{-\varphi_2}{kT}} \} \qquad (2-11)$$

式中，逸出功已被每个金属与绝缘体交界处的势垒高度所替换。如果两种金属相同，则 $\varphi_1 = \varphi_2$，总电流为零。如果加上电压，则 $\varphi_2 = \varphi_1 + eV$，因此

$$J_{th}(V, T) = AT^2 e^{\frac{\varphi_1}{kT}} (1 - e^{\frac{eV}{kT}}) \qquad (2-12)$$

很明显，随着电压的升高，热离子发射变强，因为势垒降低了。另外，温度越高，热离子电流越大，因为有更多的电子能贯穿势垒。

从原理上讲，人们认为热离子发射电流与绝缘层间隙的厚度无关，而仅依赖于势垒高度，因为 $\varphi_1 = V_0$。然而，如果考虑镜像力，那么势垒高度也与势垒厚度有关。因此，确实存在着 J_{th} 对 Δs 的依赖性。最后，热离子电流可表示为

$$J_{th}(V, T) = AT^2 \exp\left\{\frac{[14.4(7+eV\varepsilon_i s)]^{\frac{1}{2}} - V_0\varepsilon_i s}{\varepsilon_i skT}\right\}(1 - e^{\frac{-eV}{kT}})$$

$$(2-13)$$

电流的最终表达式是隧道电流(式(2-4))和热离子发射电流(式(2-12))之和，即

$$J = J_{tu}(V) + J_{th}(V, T) \qquad (2-14)$$

2.4.2 温度的影响

通过分析卫星所处环境的温度梯度便可理解温度的重要性。在卫星轨道上，当阳光直射时，卫星处于高温之中；相反地，当卫星所处位置的阳光被地球遮挡时，环境温度很低。事实上，温度在 $-150℃$ 到 $+80℃$ 之间变化，正是卫星系统老化的主要原因。因而，安静的 PIM 测试系统在工作状态中变得异常活跃。

在波导结情形下，由于波导金属和螺钉材料之间的热扩散系数之差，温度变化产生应力。波导一般为铝波导，而螺钉或螺栓一般为铁质或不锈钢材料。如果上述现象发生，那么一天内其表面将经受周期性的作用。由于结的老化，接触电阻将全面增加。为了避免上述现象的发生，常用的一种解决方案是将整个系统进行热隔离以降低温度梯度。为此，通常在卫星上使用热毯，尽管这并不能保证理想的热隔离。

除了环境温度以外，在任何元件上，局部加热也可引起温度变化，产生超出噪声电平的 PIM 频率。例如，储存大量电能的谐振腔可以加热器件引发 PIM 信号。在这种情况下的 PIM 激励与金属的导热性具有线性相关性，产生谐波分量，在 PIM 频率处引起腔壁上的电流。在金属波导结的情况下，将产生金属接触电阻。根据 Franz-Wiedemann 定律，可引起接触点温度的升高，这个定律通过电和热的导热系数将纯金属接触(a 型斑点)处的电压降与温度联系起来，即

$$T^2 - T_0^2 = \frac{V^2}{4L} \qquad (2-15)$$

式中，L 是洛伦兹数($L \approx 10^{-8}$ V^{2}K^{-2})，它定义为热传导系数和电传导系数之商。对许多金属而言，L 是常数。很明显，特殊金属点处温度的升高对接触电阻有很大影响。因为 100 mV 的电压可使接触温度由室温的 300 K 升高到

580 K，这个事实具有多种影响。例如达到接触金属的熔点时可以发生熔接，高温可以软化氧化层使得薄层更易破裂，引起系统接触电阻的降低。如前所述，这可能是 PIM 电平对总功率的依赖性低于理论预测的原因之一。输入功率越大，电压降越高，从而使 a 型斑点的局部温度越高，这将致使接触电阻降低，因此 PIM 电平低于期望值。特别要说明的是，隧道效应的温度依赖性较弱，而热离子发射效应的温度依赖性很强。

2.5　电热耦合机理

分布式结构的有耗性能引起的自加热过程会产生无源互调。器件性能对温度的依赖性很强，会在给定的温度范围内引起器件性能的明显改变，从而产生非线性失真。有些研究者分析了自加热对同轴波导和传输线中无源互调的贡献。

图 2-4 表示一段传输线微元上 3 阶电热无源互调失真的产生过程示意图。可将输入信号看成中心频率为 ω_0、包络频率为 $\Delta\omega/2$ 的调幅信号，因而

$$\omega_1 = \omega_0 - \frac{\Delta\omega}{2}, \qquad \omega_2 = \omega_0 + \frac{\Delta\omega}{2}$$

即

$$\omega_0 = \frac{\omega_1 + \omega_2}{2}, \qquad \Delta\omega = \omega_2 - \omega_1$$

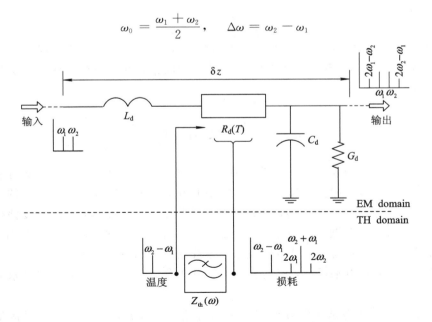

图 2-4　电热耦合无源互调产生过程示意图

在印刷传输线中，若仅考虑低损耗基板，则导体损耗占主导地位，传输线上每个 δz 段落消耗的功率 $Q_z(z, \omega)$ 正比于通过该段落的电流的平方，由于每个频率分量上存在相应的热阻抗，所以在直流和 $\Delta\omega$、$2\omega_1$、$2\omega_2$ 及 $\omega_1 + \omega_2$ 的各频率分量上均产生功率消耗。消耗在每个频率分量上的功率都产生温度振荡 T：

$$T(z, \omega) = Z_{th}(\omega)Q_d(z, \omega) \qquad (2-16)$$

结果，稳态温度升高改变了物质特性，因而也改变了器件的线性特性。另外，振荡的温度产生 3 阶互调失真。与媒质中热传播相联系的动力学行为转化为热阻抗的低通滤波行为，使得消耗在信号 $\Delta\omega$ 上的功率成为最相关的振荡温度分量。因为在稳态情况下，$\Delta\omega$ 上的温度变化可以改变材料特性，如金属的电阻率，在 $2\omega_1 - \omega_2$ 和 $2\omega_2 - \omega_1$ 处产生 3 阶互调失真。

由于以上过程，在两个输入信号的差频上的 3 阶互调信号的测量可以揭示热阻抗的低通滤波特性。因为

$$P_{3IMD} \propto |Z_{th}(\Delta\omega)|^2 \qquad (2-17)$$

式中，P_{3IMD} 是 3 阶互调失真功率。

电热无源互调的分析难点是电磁域和热区域的相互作用。电热失真起源于电域和热域之间的耦合以及热传导和电阻混合过程。由于受材料晶格振动影响的电子散射对热的依赖性，金属表现出热电阻效应。材料的电阻率 ρ_e 与温度 T 的函数关系为

$$\rho_e(T) = \rho_{e0}(1 + \alpha T + \beta T^2 + \cdots) \qquad (2-18)$$

式中，ρ_e 的单位为 $\Omega \cdot m$，ρ_{e0} 是静态电阻率常数，α 和 β 表示电阻的温度系数。

通过式(2-18)将电方程和热传导方程相联系，可以分析求解电热无源互调失真的特性。

2.6　微放电机理

微放电是在真空条件下大功率强微波电场作用下发生的一种射频击穿放电现象。当发射电子撞击金属表面时，电场的方向反转，且电子在狭缝中的飞行时间等于交变电场的半周期，因而产生电子共振。如果所加电场的强度使得撞击电子能够连续释放二次电子，就会引起微击穿。对星载大功率微波设备，如果设计不当，则极易发生微放电现象，导致微波传输系统驻波系数增大，反射功率增加，噪声电平提高，使系统不能正常工作，甚至引起击穿，部件永久性损坏。

微放电被认为是无源互调产生的机理之一。例如，在高空中的通信卫星中，由于微放电极易发生，所以无源互调更容易发生。又如，已经观察到有些

情况下，当小焊疤和毛状金属丝位于法兰盘角落或法兰盘角落附近时，将大大增强法兰盘产生互调信号的敏感性，这种现象被认为是由微放电引起的。关于它与无源互调的关系尚无定量分析结果，但就其产生条件来说，主要取决于下列几个约束条件：

1. 对真空环境的依赖性

产生微放电的条件之一是电子具有足够长的平均自由程，发射表面之间被加速的电子与周围的原子、分子的碰撞概率很小。已经证明，压强为 10^{-3} 托或更低时，被典型气体（如氮气、氧气及氩气等）包围的电子的平均自由程在数十厘米范围内。对射频器件，典型的缝隙大小在毫米范围内。因此，压强等于或小于 10^{-3} 托时微放电很容易发生。卫星一般处于压强很低的高空环境，发生微放电的可能性更大。

2. 对所加电压的依赖性

电子由射频电压所产生的电场加速。在最佳情况下，电子运动必须与电场同位相。然而，击穿并不需要在最佳条件下产生，在相当宽的电场和频率范围内都可以观察到这种现象。产生微放电的一个条件是，器件壁的入射电子必须产生二次电子，使二次电子发射系数（二次电子数与入射电子数的比值，用 δ 表示）大于 1。如果不满足这个条件，那么电子的产生将很快停止，微放电将不会持续下去。一般情况下，δ 是原电子能量的函数（如图 2-5 所示）。小能量入射情况下，原电子不能释放太多的二次电子，因此不能引发这种倍增效应；入射能量很大时，原电子对表面的穿透深度过大，致使所产生的二次电子陷入物体之内太深，不能到达表面，因而也不能引发这种倍增效应。因此，原电子的能量必须介于最大值和最小值之间，以保持微放电的持续进行。

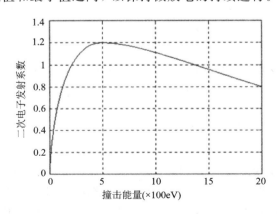

图 2-5 二次电子发射系数与原电子能量之间的关系曲线

二次发射系数指的是当一个入射电子撞击表面时发射电子的平均数目。产生的二次电子的数目与表面材料的特性和电子的入射能量以及与表面法线方向的夹角密切相关。图2-5是垂直入射时典型情况下的二次发射系数曲线的形状。

$$\delta = \delta_{\max} \cdot (w \cdot \exp(1-w))^k \tag{2-19}$$

式中，$\delta_{\max}$为二次发射系数的最大值；$w = \dfrac{E_i}{E_{\max}}$，$E_i$为入射电子的撞击能量，$E_{\max}$为$\delta_{\max}$处的能量。$w<1$时，$k=0.62$；$w>1$时，$k=0.25$。

3. 对 $f \times d$ 乘积的依赖性

微放电产生的另一个条件是，缝隙尺寸等于所加射频电压半周期的倍数，以满足电子共振条件。确定击穿作为 $f \times d$（f 为射频场的频率，d 为缝隙间距）乘积的函数的最简单的几何结构是平行板结构。Hatch 和 William 以及其他人做了广泛的测量，获得了各种激励频率条件下的最大和最小击穿电场强度。对缝隙宽度的奇数倍来说，存在一个二次电子倍增曲线，因为它对应于射频电压的半周期。主模式对应于多个联合，微放电模式包括主模式和其他模式，每种微放电模式都具有最大能量和最小能量值或峰值电压，以引发和保持微放电。另外，每个二次电子倍增曲线都有对应于到达角的宽度，在此宽度之内，二次电子发射系数大于1，以保持微放电的持续进行。

大功率射频器件的几何结构很少为简单的平行板结构。几何结构的不连续性和复杂性一般必须满足电性能的要求。在不连续区域和尖锐边缘附近，电场强度比简单平行板结构中的电场强度大得多。因此，微放电可以在射频电压低于简单平行板结构中所要求的电压的情况下发生。工程上通常采用大间隙尺寸设计方法，以提高微放电发生的阈值。

4. 对材料表面条件的依赖性

二次电子发射系数 δ 对材料的相对纯度很敏感。在低能级区，表面不纯净可引起 δ 的很大变化。多数情况下，污染物会使 δ 值增加，因此增加了微放电发生的可能性。空间应用中应尽可能消除对大功率器件的污染。

2.7 接 触 机 理

除了上述非线性机理之外，我们还可采用一种接触模型解释金属接触的非线性效应。这个模型要求非线性效应与电流有关，且 PIM 电流与接触处的电流密度成正比。这个模型的示意图如图2-6所示，图中表明了电流流动的模式和逐渐紧固的金属接合点。当两个金属表面松动接触时，接触发生在多个点上，因而具有较大的电流密度；当接触加紧时，出现越来越多的接触点，使得电流被分散，电流密度减小。因此，PIM 电平随接触面积的增加或输入功率的减小而减小。

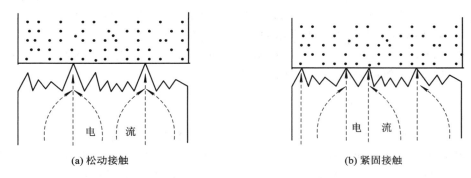

(a) 松动接触　　　　　　　　　　　**(b) 紧固接触**

图 2-6　金属接触模型示意图

　　通过对粗砂纸打磨过粗糙法兰盘的测量可以验证这个模型。对这些法兰盘在打磨之后立即进行测试，以确保接触面还未受到氧化。测量结果表明，粗糙的表面产生更高的 PIM 电平。进一步加固接触最终可使粗糙表面等效于光滑表面。这个模型也能用于解释不同形状的金属接触的实验结果，可以发现点接触和球接触（图 2-7）比面接触能产生更高的 PIM 信号。无论接触类型如何，非常低的接触负载可获得更大的 PIM 电平。这个模型比上面提到的非线性机理提供了更为满意的解释，而且能够解释大多数金属接触的测量结果。但是，弄明白电流密度与接触非线性之间的关系需要做更多的工作。关于金属接触产生的无源互调分析将在第三章具体研究。

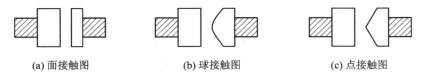

(a) 面接触图　　　　　　**(b) 球接触图**　　　　　　**(c) 点接触图**

图 2-7　测试样品对的几何构形

2.8　其他非线性效应

2.8.1　表面效应

　　如果电流密度足够大，导体表面的磨损或污染也可能会引起 PIM 失真，这种现象叫做表面效应。Petit 和 Rosenberger 在被测器件的频率为 1.5 GHz、传输功率为 44 dBm 的条件下对其表面效应进行了研究。测试样品分别采用铝、铝合金、铜和铍制成的直径为 1 mm 的电线，并对这些材料均做了不同程度的表面处理。在表面粗糙度的测试中，相对于电流方向做横向和纵向的擦磨处理。当残余 PIM 电平为 −144 dBm 时，横向擦磨可使 PIM 电平增加 13～22 dB，而纵向擦磨使 PIM 电平增大 1～4 dB。涂敷铝、铜及镀铜铝合金和铍铜合金样品的氧化物则未观察到对 PIM 电平的影响。Givati 表明，用在印刷电路板中的铜箔的粗糙表面可产生 PIM 失真。

2.8.2 时间相关性

除了典型的 PIM 特性外，随时间变化是 PIM 的另一个特性，我们把这种特性称为时间相关性。随着时间的变化，无源互调产物不能保持稳定，它们对物理运动、热循环或温度和湿度的变化都极为敏感。因此，对于这方面的研究必须在各种测试条件下长时间观察才能得到可靠的数据。变化可能在任意时间段内发生，尤其对于松动金属连接的 PIM 电平可以在秒数量级上随时间变化。

图 2-8 描述了两种微带天线 PIM 电平测量值随时间变化的情况。在图 2-8(a)中，PIM 电平几乎在所有测量时间内都是不稳定的，直到在 PIM 意义上器件发生击穿；而在图 2-8(b)中，微带天线的 PIM 响应在将器件加热 3 个小时之后似乎是相对稳定的。这两种器件的 PIM 源很可能都是连接器中的金属-金属接触。

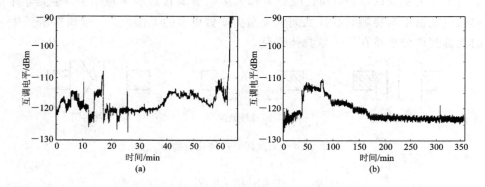

图 2-8　两种微带天线 PIM 电平随时间变化的曲线

随着时间的推移，温度、湿度都会发生变化。随温度和湿度变化的金属表面的生锈薄膜、污染或者它们暴露于空气中时的各种分子和粒子，都可能导致金属特性的变化。比如，在压力的作用下原子的热扩散会使金属的硬度随温度和时间变化。通常，灰尘是否绝缘取决于它的湿度。

由外部振动、热扩散或者强电流引起的电子机械力，都可能导致接触表面的相对运动或 a 型斑点的表面变化，从而使器件 PIM 电平发生突变。当接触表面相互摩擦时，机械运动磨损了接触表面，而且分离出容易腐蚀或氧化的粒子，这种现象称为机械侵蚀性。这种现象还可能引起接触电阻的增加甚至连接器的电接触失灵。

第三章
金属接触产生无源互调的机理分析

    金属接触的研究始于上世纪中期，有些学者研究了金属接触的表面特性、内部特征、内部阻抗和老化特性，而近期关于微电机系统的应用，也需要对金属接触及其特性进行描述。本章分析金属接触的物理机理，特别是对金属接触在波导结非线性连接方面的应用特性进行详细的理论研究。首先，介绍基于金属接触的几何结构和机械特性，描述一种表面模型，用于计算接触面积与所施加机械负载函数关系的方法。其次，介绍两种接触区域，即金属接触区域和无接触区域，描述粗糙表面被薄绝缘层分离的电子接触模型，分析金属接触产生的物理机理及其对无源互调的影响。

3.1　金属表面的几何结构和机械特性

    表面几何结构在金属-金属接触系统中起着重要作用。事实上，金属表面并不是绝对完美的，会出现各种缺陷，如粗糙峰起伏等。多年来，科学界已对这些缺陷进行了分类，并且定义了描述任意表面的参量。另一方面，表面接触机械响应与金属接触自身的机械特性和表面几何结构有关。本质上，机械接触可区分为三种不同的接触方式，即弹性接触、弹塑性接触和塑性接触，具体属于哪种接触则由表面情况而定。表面越粗糙，接触越具有弹性，特定的接触有时依赖于金属的机械特性，或者依赖于施加的负载。负荷越大，越可能破坏金属接触的弹性方式。因为接触越具有弹性，更大面积的接触所需要的机械负荷就越小。由此可见，为了更好地表征金属接触与施加的负荷和金属表面特性的关系，必须建立表面模型和机械模型。

3.1.1　表面模型

    当两个表面发生紧密物理接触时，它们之间的接触面积并不等于最小接触面积(标准面积)，仅有小部分表面发生真实接触，这部分表面仅占总标准面积的很小比例。这由表面接触的粗糙程度所致，实际接触仅发生在一些由尖峰形成的表面区域。为了模拟表面粗糙程度的几何结构,已建立了许多物理模型。对于表面尖峰,通常采用球形几何结构假设,并采用随机分布对球形凸起表面的高度进行分析。

到目前为止,主要采用三种随机分布描述表面模型,即高斯(Gaussian)、Weibull 和 Mandelbrot,它们各自具有优点和缺点:

(1) 高斯(Gaussian)分布。这种分布分析起来比较简便,两个粗糙接触表面可以系统地用一个硬平面和一个具有等效粗糙度及机械特性的粗糙表面接触模型表示。然而,非对称表面不适用这种分布。

(2) Weibull 分布。这种分布不适合对问题进行简单分析,它可以对非对称表面进行全面表征。

(3) Mandelbrot 分布。这种分布起源于不规则几何构形,其优点是表面建模与尺寸无关,因而不依赖于实验数据的获取过程。尽管如此,将表面测量数据与分布函数一起考虑仍是一件烦琐之事。

由于高斯分布在其他方面的应用取得了可靠的结果,而且方法简单易行,所以本节使用高斯分布。图 3-1 所示为标准平面的结构模型,表示用于仿真的金属-金属接触的模型。凸起尖峰高度的分布假设为高斯型,l 是干扰距离,即穿入平表面内的尖峰距离,d 是平表面与尖峰平均高度之间的距离。

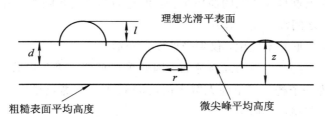

图 3-1 标准平面的结构模型

图 3-1 中,一个表面是作为平面看待的,而另一个表面是用大于粗糙表面高度的圆形尖峰表示的。如果尖峰高度 z 大于平表面与尖峰平均高度之间的距离,那么认为该尖峰处于接触之中。

为了表征这个表面,该模型使用以下三个参数:

(1) 表面高度的标准偏差 σ;

(2) 微尖峰密度 η;

(3) 尖峰半径 r。

在高斯分布下,σ 与两个接触面的表面高度的标准偏差 σ_1 和 σ_2 有关:

$$\sigma = (\sigma_1^2 + \sigma_2^2)^{\frac{1}{2}}$$

粗糙度参数由下式定义：

$$\beta = \sigma \eta r$$

另外，σ 与尖峰高度的标准偏差 σ_s 的关系如下：

$$\frac{\sigma_s}{\sigma} = \sqrt{1 - \frac{3.717 \times 10^{-4}}{\beta^2}} \qquad (3-1)$$

σ_s 与平均粗糙度 R_a 相关，即

$$\sigma_s = \sqrt{\frac{\pi}{2}} R_a \qquad (3-2)$$

这种方法将测量得到的粗糙度 R_a 与该模型中的参数联系了起来。

3.1.2 机械模型

在接触表面表征完成之后，必须建立接触表面的机械模型，这种模型可以指出在接触负荷作用下的形变特征。目前已经建立了多种不同的机械模型。本章使用 Greenwood 和 Williamson 提出的模型，即 GW 模型。该模型的基本假设如下：

(1) 粗糙面为各向同性；

(2) 尖峰顶点具有相同的曲率半径，但它们的高度是随机变化的；

(3) 尖峰之间没有相互作用；

(4) 大块变形并不发生，仅尖峰处发生变形。

如上所述，由于表面为高斯分布，因此可以证明，两个粗糙表面之间的接触可以等效为一个杨氏模量为无穷大的硬表面和一个等效杨氏模量为 E' 的粗糙表面之间的接触。E' 由下式给出：

$$\frac{1}{E'} = \frac{1 - \nu_1^2}{E_1} + \frac{1 - \nu_2^2}{E_2} \qquad (3-3)$$

式中，E_1、E_2、ν_1 和 ν_2 分别是两个相接触的金属的杨氏弹性模量和泊松比。定义每个微尖峰的形变距离为 l，它与整个表面的平均值 $\bar{l}$ 为

$$\bar{l}^* = \int_{d^*}^{\infty} (z^* - d^*) \cdot \phi^* (z^*) dz^* \qquad (3-4)$$

为了处理无量纲量，从现在开始，星号表示物理量被 σ 相除后的对应物理量，$\phi^* (z^*)$ 是尖峰高度的高斯分布：

$$\phi^* (z^*) = \frac{1}{\sqrt{2\pi}} \frac{\sigma}{\sigma_s} \exp\left[-0.5 \cdot \left(\frac{\sigma}{\sigma_s}\right)^2 (z^*)^2\right] \qquad (3-5)$$

对于每一个微尖峰而言，不同的形变形式之间的转变（弹性的、弹塑性的

和塑性的)依赖于微尖峰的形变距离 l。所以，临界形变距离 l_c 提供了在弹性和弹塑性之间的转折距离，其定义如下：

$$l_c = \left(\frac{\pi K H}{2E'}\right)^2 r \qquad (3-6)$$

式中，$K = 0.454 + 0.41\nu$（ν 是软材料的泊松比），H 是软材料的硬度。

单一微尖峰的临界形变距离仅依赖于相互接触的金属材料的机械属性（H、E' 和 ν）及其几何形状（r）。此外，这个临界形变距离独立于表面属性（η，σ）。然而，这些属性在很大程度上影响着平均形变距离，这个距离相对于 l_c 的值提供了一种形变，在施加一定机械负荷的情况下，这种形变对表面接触起主导作用。

另外，接触的塑性与粗糙度和接触材料的机械属性有关。材料的可塑性定义如下：

$$\phi = \frac{2E'}{\pi K H}\left(\frac{\sigma_s}{r}\right)^{0.5} \qquad (3-7)$$

这个参数决定着粗糙表面接触的机械响应，ϕ 值越高，接触的可塑性越好。然而，可塑性也有一定的缺点，因为它将表面特性和材料属性一起考虑在内了。为了表示表面可塑性，对任何金属材料，都可将 ϕ 中仅与表面参数有关的部分分离出来，因此，我们定义

$$\overline{\phi} = \left(\frac{\sigma_s}{r}\right)^{0.5} \qquad (3-8)$$

这样，相同形状但不同材料的金属壳可通过 $\overline{\phi}$ 进行比较。这一点在研究金属涂层的影响时非常有用，因为在多数情况下，表面结构不发生变化，而机械特性在改变。

另一个重要参数是发生接触的微尖峰的数目，这个数目可由下式计算：

$$N_c = \eta A_n \int_{d^*}^{\infty} \phi^*(z^*)\,\mathrm{d}z^* \qquad (3-9)$$

式中，A_n 是标准接触面积。

GW 模型仅限于弹性方式，有时也假设为完全塑性方式或弹塑性方式。下面分三种不同的形变方式进行讨论。

1）弹性形变

当发生接触的微尖峰的主体部分发生形变时，在两个表面分离后，表面恢复原状，则称这种方式为弹性形变方式。临界形变距离 l_c 提供了这方面的信息。对于单个的微尖峰，如果形变距离 $l = z - d$ 小于 l_c，那么发生弹性形变。

在半径为 r 的单个尖峰情形中，可用赫兹理论处理。施加的机械负荷与形变距离的函数关系由下式给出：

$$L = \frac{4}{3}E'r^{1/2} \cdot l^{3/2} \tag{3-10}$$

而接触面积为

$$A = \pi r l \tag{3-11}$$

如果考虑全部表面，那么所施加的机械负荷由式(3-10)进行推广并使用高斯分布，可得

$$L = \frac{4}{3}E'r^{1/2} \cdot l^{3/2} \eta A_n \int_{d^*}^{d^*+l_c^*} \sigma^{3/2}(z^*-d^*)^{3/2}\phi^*(z^*)\mathrm{d}z^* \tag{3-12}$$

式中，ηA_n 是表面上尖峰的总数目，积分范围仅考虑发生实际接触(不超过弹性范围 $z^* < d^* + l_c^*$)的尖峰($z^* > d^*$)。

从模拟仿真角度来讲，接触面积可由式(3-11)求得

$$A = \pi r \eta A_n \int_{d^*}^{d^*+l_c^*} \sigma\phi^*(z^*)\mathrm{d}z^* \tag{3-13}$$

因此，当尖峰的主体部分在临界形变距离之内时，机械接触为完全弹性形变。

2）完全塑性形变

当 L 大于 l_c 时，发生完全塑性形变。在这种情况下，微尖峰的主体部分发生塑性形变，即一旦表面分开，其原始形状不能恢复。对单一尖峰情形，所施载荷和接触面积分别为

$$L = 2\pi r H \cdot l \tag{3-14}$$

$$A = 2\pi r l \tag{3-15}$$

这里必须注意所施机械负荷和接触面积之间的关系仅与 H 有关：

$$L = AH$$

如果推广到多尖峰情形，总机械负荷和总接触面积分别为

$$L = 2\pi r \eta A_n H \int_{d^*}^{\infty} \sigma(z^*-d^*)\phi^*(z^*)\mathrm{d}z^* \tag{3-16}$$

$$A = 2\pi r \eta A_n \int_{d^*}^{\infty} \sigma(z^*-d^*)\phi^*(z^*)\mathrm{d}z^* \tag{3-17}$$

3）弹塑形变

对于处于完全塑性和完全弹性之间的中间情形弹塑性形变，不可能得出解析表达式。为了推导一般的表象表达式，有些研究者使用了有限元法(FEM)。

这里介绍 Kogut 和 Etsion 基于有限元法的工作。对所有范围的形变，他们

给出了无量纲真实接触面积（$A^* = \dfrac{A_{real}}{A_n}$）、无量纲机械负荷（$L^* = \dfrac{L_{real}}{(A_n H)}$）以及作用面的距离 d^* 之间的函数关系，即

$$L^* = \frac{2}{3}\pi\beta K l_c^* \left[\int_{d^*}^{d^*+l_c^*} K^{1.5} + 1.03 \int_{d^*}^{d^*+6l_c^*} K^{1.425} \right.$$

$$\left. + 1.4 \int_{d^*+6l_c^*}^{d^*+110l_c^*} K^{1.263} + \frac{3}{K} \int_{d^*+110l_c^*}^{\infty} K^1 \right] \tag{3-18}$$

$$A^* = \pi\beta l_c^* \left[\int_{d^*}^{d^*+l_c^*} K^1 + 0.93 \int_{d^*+l_c^*}^{d^*+6l_c^*} K^{1.136} \right.$$

$$\left. + 0.94 \int_{d^*+6l_c^*}^{d^*+110l_c^*} K^{1.146} + 2 \int_{d^*+110l_c^*}^{\infty} K^1 \right] \tag{3-19}$$

式中，K^β 由下式给出：

$$K^\beta = \left(\frac{l^*}{l_c^*} \right)^\beta \phi^* (z^*) \mathrm{d}z^* \tag{3-20}$$

粗糙度参数 β 的定义见 3.1.1 节。

为了将数值结果与解析计算进行拟合，这里的 A^* 和 L^* 的表达式是沿分开距离在四个不同区域的求和。式（3-18）和式（3-19）的第一个积分分别产生了式（3-12）和式（3-13）的结果。相反地，如果形变干扰总是比其临界值大许多，那么形变距离的主要部分大于 $110l_c$，则式（3-18）和式（3-19）与式（3-16）和式（3-17）一致。中间两个积分考虑到了弹塑性方式的影响。式（3-18）和式（3-19）的主要优点是，避免了像一般有限元法那样的复杂积分运算的情况下，对弹塑性方式进行的精确描述。

式（3-18）和式（3-19）示出了施加机械载荷和真实接触面积与两表面的分离距离之间的函数关系。只要对同一个表面分离值取值，即可看出这两个公式直接相联系。由此可得，接触表面随施加载荷变化。

图 3-2 表示三种形变方式时施加的无量纲机械载荷随无量纲表面分离距离之间的函数关系。图中，左半部分（分离距离为 0～2.5）表示完全塑性区域，中间部分（分离距离为 2.5～4）表示两种方式的过渡区域，右边部分（分离距离为 4～6）属于弹性区域。

在金属表面总是存在氧化物和污染物，因此人们认为会产生机械影响。然而，由于这种氧化污染层比工程表面的典型粗糙程度薄得多，所以金属基底的特性控制了全部的机械响应。因此，在以后的所有运算中，机械特性均指接触金属的特性。否则，必须考虑多层机械系统，这样将大大增加问题分析的复杂度。

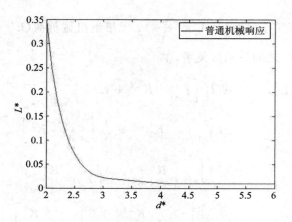

图 3-2　无量纲机械载荷随无量纲表面分离距离之间的函数关系

3.2　被介质薄膜隔离的金属的电接触

由前面分析可得，由于表面的非完美性，金属-金属连接仅发生在个别点。因此，当电流流过连接点时，连接处的电流线发生变形以寻求更低电阻的区域。图 3-3 为这种特性的示意图，这种电流的限制产生束缚电阻。

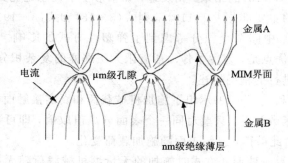

图 3-3　金属结处的电流线

如果氧化层覆盖了金属表面，那么在接触处也存在薄膜电阻。另外，由于这层薄膜的存在，也在连接处产生接触电容。

当金属表面连接时，会发生两种可能的情况。一种情况是，可能并无真正的接触发生，即并不存在 a 型斑点，然后所有的接触区域由氧化薄层隔离；另一种情况是，由于金属基底形成的介质层裂缝而在接触区域形成 a 型斑点。

究竟发生两种情况中的哪一种，依赖于许多参数。很明显，当金属之间的机械负荷增加时，覆盖层产生裂缝的可能性也随之增加。在相同意义上，如果氧化层特别薄或脆，或者既薄又脆，则在低负荷下会产生裂缝。另外，表面尖峰的存在也可影响裂缝的形成，因为尖峰穿入对方金属层更深。事实上，尖峰较多的表面由于更易破坏涂层结构，所以粗糙表面比光滑表面具有更低的接触电阻。

3.2.1 无直接金属–金属接触的情形

本小节分析被介质层隔离的金属的电接触，主要讨论接触电阻和连接电容的计算。

如图 3-3 所示，金属接触可以明确划分为两个主要区域，表面接触区域和无物理接触的空隙区域。增大机械负荷，则接触区域的数目和接触区域面积随之增加。从电的角度看，两个区域截然不同。空区域的面积与粗糙区域的面积可以比拟，空区域主要由真空（或空气）组成，而接触区域由形成的介质层所隔离。在大范围内，介质层主要由自生的金属氧化物和污染物（如氧、碳）组成。

图 3-4 是覆盖层无裂缝的金属–金属接触系统的等效电路。两个电容起源于空区域 C_{n-c} 和接触区域 C_c 的位移电流。空区域的电容由两个电容的串联构成，即厚度为 $d-s$ 的空气电容和厚度为 s 的绝缘层电容的串联。然而，由于绝缘层仅有几纳米厚，且表面间的隔离厚度的典型值为微米量级，所以介质层对无接触电容的贡献可以忽略不计。

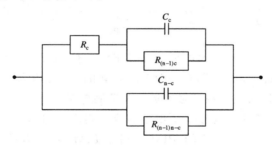

图 3-4 覆盖层无裂缝的金属–金属接触系统的等效电路

图 3-4 电路同时示出了等效接触电容和等效无接触电容。每种电容都分别是所有空区域和所有接触区域的电容之和。等效无接触电容为

$$C_{n-c} = \frac{\varepsilon_0 A_n (1 - A^*)}{d} \qquad (3-21)$$

式中，ε_0 为真空介电常数，$A_n(1-A^*)$ 为总的无接触面积。

同样，等效接触电容可由下式计算：

$$C_c = \frac{\varepsilon A_n \cdot A^*}{s} \qquad (3-22)$$

式中，ε 为介质层的介电常数，s 是介质层厚度。

很明显，对于机械负荷较低的弱接触区域，电容主要是无接触电容。而在较大机械负荷情况下，电容主要是接触电容（如图 3-5 所示）。因此，等效无接触电容几乎与机械负荷无关。通过对式（3-21）的考察很容易理解这一点。当负荷增大时，表面间距和非接触区域面积缓慢减小。事实上，这种小幅增大是由表面间距的小幅减小造成的，因为非接触面积变化可以忽略不计。然而，当负荷增大时，等效接触电容明显增大。由式（3-22）可以看出，与负荷相关的唯一物理量是接触面积，而接触面积随负荷的增加而明显增大。

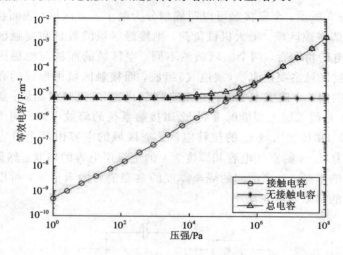

图 3-5　没有 a 型斑点形成情况下每种电容的贡献和总电容

对每个电容而言，都伴随有一个与之并联的非线性电阻。这些电阻是空区域和接触区域的 PIM 源，在接触区域应为薄膜电阻。当然，电路中的这些电阻远大于其他电阻，否则，其影响比观察的要大得多。例如，对于总输入功率为 50 dBm 的信号，产生较高的 PIM 电平，PIM 功率电平从 -20 dBm 到 -150 dBm。可将问题简化为两步解决，即先计算电路中所有线性元件，然后确定非线性响应。这些电阻产生 PIM 的物理根源包括隧道效应、热离子发射、Pole-Frenkel 效应等，这些效应引发在接触区域内的 PIM 干扰，而场发射和电晕放电机理可能引发空区域内的 PIM 干扰。

电路中的微接触电阻 R_c 与微接触的大小有关。事实上，不同尺寸时可发生两种不同的机理：Sharvin 机理和 Holm 机理。

若 $R < \lambda$（R 是尖峰接触的半径，λ 为电子的平均自由程），则微接触电阻由 Sharvin 机理决定，而 Holm 机理在 $R > \lambda$ 时起作用。在 Sharvin 情形下，在接触处电子冲击性地通过，而当 Holm 机理占支配作用时，电子从一块金属扩散到另一块金属。Mikrajudin 等推导出了在任何范围内微接触电阻的一般表达式：

$$R_{c} = \frac{4(\rho_1 + \rho_2)\lambda}{9r} + \frac{\rho_1 + \rho_2}{2\pi R}\int_0^\infty \exp\left(-\frac{x\lambda}{R}\right)\frac{\sin(\pi x)}{\pi x}\mathrm{d}x \qquad (3-23)$$

式中，ρ_1、ρ_2 是接触面的电阻率。

在我们的使用范围内，Holm 机理可以近似认为是接触电阻的起因，因为在通常条件下，微尖峰接触的半径比金属中电子的平均自由程大。在这种情况下，单个微尖峰的微接触电阻为

$$(R_{s-c})_i = \frac{\rho_1 + \rho_2}{4R} \qquad (3-24)$$

式中，ρ_1、ρ_2 是接触面的电阻率。对 N_c 个微尖峰的情形，所得电阻是各个电阻的并联。由接触面积和接触微尖峰的总数可以得出平均半径 $\overline{R}$ 为

$$\overline{R} = \left(\frac{A_n A^*}{\pi N_c}\right) \qquad (3-25)$$

因而，对于接触中存在 N_c 个微尖峰的情形，R_c 可以近似写为

$$R_c = \frac{\rho_1 + \rho_2}{4N_c \overline{R}} \qquad (3-26)$$

图 3-6 示出了微接触电阻、两个电容器的阻抗以及图 3-4 电路的总阻抗。在小负荷情形下，起支配作用的是无接触电容器的电阻，因为此时该电阻远小于接触电容器的电阻和微接触电阻。当负荷增加时，由于发生直接接触的电阻比其他的无接触电阻小得多，所以起主导作用的是直接接触电阻。应当注意，与其他电阻相比，微接触电阻可忽略不计，因为它与负载的施加方式无关。

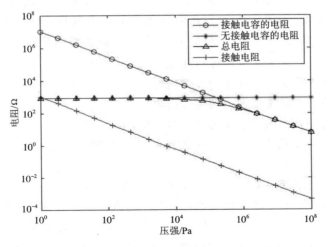

图 3-6 图 3-4 电路中的三种电阻和总电阻

3.2.2 金属-金属接触的情形

金属-金属接触情形下的等效电路如图 3-7 所示。图 3-7 与图 3-4 的唯一也是重要差别是束缚电阻 R_{const} 的出现，就像在微接触电阻情况下，此处的束缚电阻是由于电流线方向的改变而产生的，这个电流线产生于 a 型斑点中，在每个接触微斑点内，出现一些 a 型斑点，电流流经这些斑点。

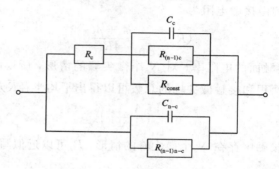

图 3-7 微尖峰金属-金属接触情形下的等效电路

这种情况下的束缚电阻类似于式(3-24)，半径对应于 a 型斑点的半径。有必要找到一个可以表示外力增大时介质层的分裂速率的分裂函数。分裂现象强烈依赖于表面和/或覆盖介质层的不规则性。因此不存在一个能够预测这种现象的完整理论。然而，定性研究可在现有的资料中找到。如果基底是软金属，则覆盖层很容易发生位移。另外，如果基底层的硬度和覆盖层的硬度相似，那么产生裂缝的可能性也会增大。还有很明显的一个规律，即覆盖层的厚度越薄，则要产生裂缝需要的外力就越小。这种认识能够帮助我们建立数学上的近似表达式，以便对覆盖层分裂进行建模。

因此，这里建立一个简单的分裂模型，假设这个模型具有以下特性：

(1) 分裂必须随施加外力的增加而增加；

(2) 在低的外力情况下无明显破裂发生；

(3) 在特定负荷下，几乎所有的接触区域都发生完全欧姆型的金属-金属接触；

(4) 必须与绝缘层的厚度和微裂缝形变有关。

与薄层厚度一样，产生破裂所需的压力阈值或者其相关参数依赖于氧化层/污染物——金属结的特性。Malnni 在做了一些假设之后提出，分裂一般以如下方式依赖于 l/s：如果形变小于绝缘层厚度，那么不会产生破裂。然而，由于将平均形变作为参数，所以我们并不这样假设。因此，即使这个参数小于 s，

都能产生破裂。破裂函数可表示为

$$A_{\mathrm{MM}} = A_{\mathrm{n}} A^{*} \cdot \left(\frac{\overline{l/s}}{1 + \overline{l/s}} \right)^{\alpha} \tag{3-27}$$

式中，α 为破裂因子，表示金属-金属接触区域随外力增大的快慢。这个参数是未知的，必须通过间接方法计算，譬如通过测量接触电阻计算得到。这个简单的函数满足以上提到的要求，并将破裂机理与粗糙表面到平坦的表面穿透平均值和覆盖层厚度联系起来，这具有显明的物理意义。图 3-8 表示了破裂因子为不同值时的破裂函数，可以很明显地看出，破裂因子越大，破裂比越小。

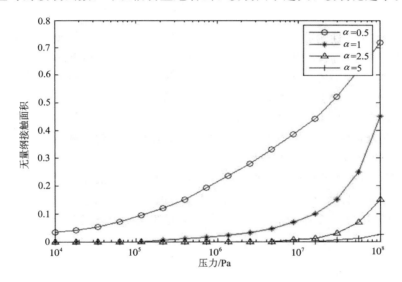

图 3-8　无量纲金属-金属接触面积与压力的关系曲线

所有 a 型斑点总面积下的束缚电阻(图 3-7 电路中的 R_{const})的计算并不是直接的。的确，对于一个含有 N_{a} 个 a 型斑点的尖峰来说，束缚电阻可与式 (3-26)类比得到

$$(R_{\mathrm{const}})_i = \frac{\rho_1 + \rho_2}{4 N_{\mathrm{a}} \overline{a_{\mathrm{spot}}}} \tag{3-28}$$

式中，$\overline{a_{\mathrm{spot}}}$ 是一个尖峰中所有圆状 a 型斑点的平均半径。对 N_{c} 个微尖峰而言，总束缚电阻为

$$R_{\mathrm{const}} = \frac{\rho_1 + \rho_2}{4 N_{\mathrm{c}} N_{\mathrm{a}} \overline{a_{\mathrm{spot}}}} \tag{3-29}$$

据式(3-27)，假设 N_{a} 个 a 型斑点等效为一个单独的 a 型斑点，与式 (3-25)类似，我们可用相同的方式得出 $N_{\mathrm{a}} \overline{a_{\mathrm{spot}}}$ 的值，即

$$R_{\text{const}} \approx \frac{\rho_1 + \rho_2}{4 N_c \left(\dfrac{A_{\text{MM}}}{\pi N_c} \right)^{\frac{1}{2}}}$$

(3 - 30)

当然，所得的束缚电阻的表达式并非一定具有很高的精度。尽管如此，我们的目标是找到束缚电阻与接触面积或破裂度等参数之间的依赖关系，所以这种近似分析是合理的。

3.3 非 线 性 响 应

系统的非线性响应最终导致无源互调产物的产生。两种类型的区域可以在金属–金属接触中激励 PIM 电平：空区域和由介质薄膜相隔离的接触区域。

对于外力较小的情形，表面几乎被完全隔离。因此，所有的无源互调电平几乎完全由空区域引发，得知无源互调电平对外界压力有某种依赖关系。根据曲线形状推断，电晕放电是一种可能的 PIM 产生机理。事实上，在做其他检测时（如检测谐波时），已检测到了电晕放电现象，最终在对多载波情形进行研究时同样也检测到了无源互调产物。

然而，当施加的机械压力增加时，无源互调失真的根源很可能主要是接触区域，因为这时的接触区域大大增加。例如，由于波导是由强机械负载连接的，所以在研究波导连接时，将金属接触作为可能的主要无源互调产生源。

第四章
无源互调的减小措施

在初步认识了无源非线性的类型和机理以后，就可以采取若干措施使通信和电子系统中的无源互调产物降到最低。为了确保 PIM 干扰保持在可接受的低电平范围内，最基本的方法是要对系统各方面高标准、严要求，注意方方面面的细节，比如，计划、设计、开发、质量保证、制作、安装、操作和维护等等方面。

4.1　无源互调减小的一般措施

PIM 产物的减小措施主要包括以下几个方面：

（1）尽量不使用非线性材料。如果非用不可，那么必须涂上一定厚度的银或铜的涂层。不要将非线性材料放在电流通道或其附近。

（2）尽可能少用非线性器件，如集总虚拟负载、环形器、隔离器和某些半导体器件。

（3）在对 PIM 比较敏感的区域或在容易造成 PIM 问题的地方，不使用非线性元器件。

（4）导电通道上的电流密度应保持低值。例如，接触面积要大，导体块要大。

（5）使金属接触的数量为最小。例如，使用扼流连接或其他电介质连接，提供足够的电流通道，保持所有的机械连接清洁、紧固。

（6）提高线性材料的连接工艺。如果可能的话，采用捆绑连接，确保连接可靠，无非线性材料、无缝隙、无污染或无腐蚀。

（7）在电流通道上尽可能避免使用调谐螺丝或金属-金属接触的活动部件。如果非用不可，应将它们放在低电流密度区域。

（8）保持最小的热循环。因为金属和材料的膨胀和收缩可产生非线性接触。

（9）使用滤波器和物理分离尽可能将大功率发射信号和低功率接收信号分开。

(10) 电缆长度一般应为最小，使用高质量低无源互调电缆是必要的。

(11) 如果高低功率电平不可避免地要使用一个信道，那么降低 PIM 的出发点是合理地选择发射频率和接收频率，使频域上的收、发频率尽可能远离。

(12) 进行频率计划时，应认真考虑高阶 PIM 的频率。

4.2 低无源互调器件设计的一般准则

本节介绍一些有助于低 PIM 器件设计的一般准则。显然，由于 PIM 电平的设计要求、器件的使用以及容许的制造成本都会影响器件的设计，所以机械地遵循这些原则通常是不太实际的。另外，有些因素的影响比其他因素大。例如，铁氧体材料产生的 PIM 电平要比普通电介质材料大得多。所以在器件设计时要综合考虑。

通常情况下，PIM 电平的大小取决于电流密度，应该尽量降低在 PIM 源处的电流密度。因此，我们应该将潜在的 PIM 源放置在电流最小的地方。然而，这些位置随频率而变化。所以在器件的整个带宽内发射信号应具有良好的匹配性。

减小连接处电流密度的直接途径是增大它的接触面积。这样就要求导体的面积要做得很大，但仅仅靠增大接触表面或增大连接处负载轴承的面积是不够的。实际上，增大接触面积也会使 PIM 电平升高，因为接触面压力减小可能导致更多潜在的不良接触点出现。所以，更好的办法就是要清楚地界定接触面积与精密机械面积之间的关系。

除上述元件设计外，系统中的 PIM 行为可以通过对频谱的设计以及发射和接收信号的充分隔离来优化。

对材料的选择原则为，尽量不要使用铁磁材料（如铁氧体）和铁电材料，因为它们的 PIM 电平相当高。如果必须使用铁磁材料，则不要把它放在场强高的地方。给铁磁材料镀上一定厚度的线性材料可以降低 PIM，但要注意在使用过程中表层材料尽量避免被磨损。铁磁材料具有很大的磁导率，在强磁场下产生饱和。大的磁导率可以用平行排列的磁畴来解释，易受外来磁场影响。铁、镍、钴及其合金、镧系元素（稀土）以及镁与铝和铜的合金都是铁磁性的。这种材料的磁性依赖于化学成分、不纯净性、工艺和热处理方法。铁磁材料的磁导率随频率的增加而减小，通常铁和镍的磁导率在吉赫频段降低到常值的一半。已经发现镍和钢是明显的 PIM 源。同轴电缆的镀镍中央导体在频率为 1.5 GHz、发射功率为 44 dBm 时，PIM 电平为 -97 dBm。PIM 电平随磁畴分界密度的增加而减小。在低直流场时，PIM 电平与输入功率的依赖性是二次方的，在高的直流场中是立方的。磁畴的相对磁场方位、直流场和射频场以及磁畴结构都能够影响 PIM 电平。

有些电介质材料也是非线性的，使用时也要加倍谨慎。目前仅有少量有关电介质的 PIM 电平方面的测量结果报道。对四种不同电介质谐振材料在频率为 800 MHz、场强为 10 V/mm 时的 3 阶互调电平的测量结果表明，最大差量为 50 dB。发射功率 $P_{\text{Tx}} = 55$ dBm 时高纯度的 $(\text{Zr、Sn})\text{TiO}_4$ 样品的失真电平为 -85 dBm，55 dBm 的功率对应于 60 V/mm 的场强。非线性介电常数可用点阵中离子的位移来解释。我们发现在测量装置中高质量的矾土（99.7%）会产生 PIM 信号，而使用聚四氟乙烯材料能将 PIM 电平降低到残余电平之下，而当聚四氟乙烯、尼龙 66 样品暴露于最大场强为 1000 V/mm（频率为 1.5 GHz）时，产生的 PIM 电平为 $-102 \sim -112$ dBm。

有关金属-金属接触要注意如下几点：

（1）在信号路径上避免发生金属-金属直接接触。例如，在 0.5~2.5 GHz 频段的设计中的同轴连接器基本上采用无直接金属-金属接触。

（2）在场强高的地方避免松动接触和可转动连接，包括装配与调谐螺钉和铆钉。

如果出现上述情况，可以考虑改变连接位置或在金属表面之间使用绝缘体。

（3）可以利用高精度焊接来代替机械连接，降低金属连接中的 PIM 电平，但要避免非线性材料或焊接残余物出现在连接中。

（4）在接触面要有适当的压力。所要求压力的大小也取决于金属本身，要注意的是，仅仅通过增加压力来降低 PIM 是不够的。

（5）使用金属涂敷方法可降低 PIM 失真。金和银比非贵重金属及其合金具有更好的抗腐蚀能力。然而，当镍用作本底金属和涂敷材料之间的连接层时，一旦涂敷层脱落，那么 PIM 电平升高的风险就很大。当接触压力足够高时，所有电镀层表现出很好的 PIM 特性。对金来说所需的接触压力最低，而对铜合金来说所需的接触压力最高，用氮化钛和铟制作的涂敷层的 PIM 特性良好。

对金属表面也有严格的要求。可能会通过大电流密度的金属表面要做到特别干净和平滑，也不要使用过薄的导体。如果电流密度足够高，在导体表面上的磨损或污染也可能引起 PIM 失真。器件的频率为 1.5 GHz、传输功率 $P_{\text{Tx}} = 44$ dBm 时的表面效应已经被研究过。测试样品分别用铝、铝合金 6061、铜和铍制成直径为 1 mm 的电线，其中这些材料均做了不同的表面处理。这些样品作为同轴电缆的中央导体，电流密度为 225 A/m²。在表面粗糙度的测试中，相对于电流方向横向和纵向进行了擦磨处理。在残余 PIM 电平为 -144 dBm 的情况

下，横向擦磨的失真电平升高 $13 \sim 22$ dB，而纵向擦磨的失真电平升高
$1 \sim 4$ dB。铜和铍铜合金样品的氧化物未观察到对 PIM 电平的影响。镀银镍线
（电镀厚度为 $13\ \mu m$）对残余 PIM 电平产生了 48 dB 的下降。涂敷铝和镀铜铝合
金 6061 或 Alocrom 1200 对 PIM 电平没有明显的影响。研究表明，用在印刷电
路板中的铜箔粗糙度可产生 PIM 失真，焊剂边角料也可以产生 PIM 失真。从
微带的中央导体到同轴线转换接管之间清除掉树脂后，当发射功率 $P_{Tx} =$
43 dBm 时，观测到的 PIM 电平由 -110 dBm 下降到残余 PIM 电平 -120 dBm。

对工艺、装配和维护质量的要求如下：

（1）接触面要平滑，使其能在精密机械容许误差范围内工作。

（2）在装配当中和装配完成后，应避免金属连接处产生金属颗粒、污染和
氧化生锈。

（3）在器件使用寿命期间，应保护连接不会污染、氧化、生锈或腐蚀，并应
尽量减少由于外界振动、热膨胀和机械力引起的接触表面的相对运动。

对同轴电缆的要求如下：

（1）避免同轴电缆的中心导体里含有钢合金。

（2）同轴电缆尽量选用螺纹或刚性材料作为外层导体。当然，也可以采用
其他的低 PIM 电缆，比如可弯曲的半刚性电缆 Sucoform 141 和编织电缆
RG393。但是，Sucoform 141 电缆的外层导体是镀锡的，所以不能多次弯曲，
否则会使其外层导体出现微小的裂纹。

（3）尽量避免电缆弯曲。特别关键的部位是电缆的连接器与外层导体之间
的接触所在处的连接器基底。

4.3　使用非线性插入网络抵消无源互调

在过去的 60 年中，无线电通信迅猛发展，并且这种发展趋势在可预见的未
来仍将持续。当电非线性失真在其组件中发生时，例如天线就是不经过系统的
双工器而被频率滤波的，在大功率无线电系统中会产生严重的问题。在大功率
传输条件下（传输功率为 30 dBm 以上），在电流电压关系中，许多被认为是线
性的无源系统组件会变得轻微非线性。这种非线性能导致无源互调失真，而且
这种失真能严重破坏系统的性能。本节首先对无源互调现象在无线电系统中的
影响做简要介绍，然后介绍一种新技术，通过它来取消这种不必要的无源互调
非线性失真。这种技术把已知的额外的无源互调非线性失真的信号源放置在系
统的适当位置上，以便能从非线性网络元件（例如天线、负载、同轴连接器）中
抵消无源互调失真。

4.3.1　无线电系统中的无源互调

　　无源互调通常发生于无源组件的微弱非线性，如同轴连接器和天线这种通常在电流电压关系中被认为是完全线性的无源组件就存在着微弱非线性。因为在一个系统的电路中，目前现存的多数信号都有非常不同的功率电平，当电流电压的非线性失真从高强度发射频段到接收频段传输，干扰预期的接收信号时，系统功能会被严重影响。

　　在大功率发射或高灵敏的接收部分，像同轴连接器、电缆组件、天线等这样的微弱非线性会变得尤为重要。因为这些组件被放置在必要的位置，在传输路径经过频率滤波器后，它们产生的任何互调失真都不能被滤掉。在经过滤波后无源组件中，即使轻微的非线性引起的失真，都会使这个系统产生衰落。

　　通常，通过选择低无源互调失真组件可减轻无源互调失真。许多研究已经开始识别材料和接触结构，以利于得到低的无源互调失真，并且已经研制出许多低无源互调失真组件。但是对于一个系统来说，由于其他设计要求（例如大小、尺寸等）的限制，将这些低无源互调失真器件包含在系统中并不是所期望的，甚至是不可能的。例如，同轴连接器就是一个典型的无源互调信号源。同时，大尺度和高价格的低无源互调失真连接器对于许多应用来说也是不希望的，如 DIN7-16。在此我们介绍一种采用外加的已知无源互调源抵消器件中产生的不必要的无源互调失真的详细过程，目的是通过采用无源抵消来构建一个低无源互调失真系统，而使系统能够使用具有较高无源互调失真、价格便宜和尺寸较小的器件。

4.3.2　多个非线性失真的无源互调干扰信号源模型

　　Deat Hartmann 提出了一种考虑多个不同的互调源产生的总 PIM 的点源模型，当连接信号源的传输线中的衰减可以忽略时，总互调可以写成

$$V_{IM}^{-} = \sum_{n=1}^{N} V_n \exp(\mathrm{j}2\beta l_n) \qquad (4-1)$$

式中，V_n 是该系统中第 n 路非线性失真产生的复电压，β 是互调频率处的传播常数，l_n 是第 1 路到第 n 路非线性的电长度，V_{IM}^{-} 是总的反向传输无源互调失真波（在大多数系统中对互调有贡献的那部分失真）。Deat Hartmann 使用这个模型解释了无源互调失真的输出随基本信号频率的变化情况。虽然这个模型粗略地预测了无源互调失真随着频率改变的性质，但是预测结果与实验结果只有在特定的情况下才是一致的。最近发现了更为严格的测量方法，使用这个模型预测得到的无源互调随着连接器之间的电长度（实际长度与工作波长之比）而不是

基本信号频率改变。在无源互调失真测量方法上的改进表明,定量预测而不是定性预测使我们能够在合适的设计下利用器件之间的相互抵消来减小互调。

综上所述,在许多系统中无源互调失真是由系统中必不可少的组件(例如天线)产生的,对含有多个 PIM 源的系统,基于总无源互调失真的预测能力,我们能够设计一个网络,当它插入系统的双工滤波器和系统的无源非线性之间时(如图 4-1 所示),该网络能够抵消系统非线性产生的无源互调失真。

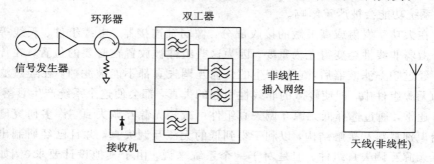

图 4-1 含有非线性插入网络的无线系统示意图

由式(4-1)可以看出,如果两个非线性信号的幅度相等,并且被一段线路分开,例如,当它们之间的相位因子是 90°的奇数倍时,则两个非线性完全抵消,对 PIM 的总贡献为 0。利用式(4-1)可设计一个插入网络,它相对于任意 PIM 源具有适当的幅度和相位。下面将给出一个例子,在该例中可使待测器件的 PIM 减小 24 dB。

4.3.3 抵消无源互调失真的实验验证方法

本测量工作中采用的都是 SI400 无源互调失真分析仪,使用的是标准双音测试模式。在所有的测量中,载波频率都限定在 463 MHz 和 468 MHz 之间,传输功率为 42 dBm。被测量的 3 阶互调产物的频率为 $2f_1-2f_2=458$ MHz,测量中可使用 Summitek 仪器公司制造的 50 Ω 的低 PIM 负载。这里,我们采用一个更为常用的虚拟负载(Spinner GmbH 公司制造)。这个常规负载在所述的双音测试模式下的 PIM 电平的标定值为 −93 dBm,这比使用 Summitek 公司的低 PIM 负载的系统的残余无源互调电平 −125 dBm 高出 32 dBm。因此,我们采用传统的高无源互调负载,用它产生我们拟采用插入网络抵消的 PIM。这是一个具有代表性的 PIM 产生源,这个产生源可以是连接器、天线组件或滤波器。通过式(4-1)设计一个用来抵消非线性待测器件产生的无源互调失真的插入网络的步骤如下:

(1) 构造一个非线性插入网络,这个网络的无源互调产物与非线性待测器件具有相同的幅度。当使用两个或两个以上已知值的无源互调源时，干涉关系由式(4-1)给出。

理想上，非线性插入网络由一个单一的非线性组成，单一非线性的幅度严格地等于高无源互调负载的幅度，在这种情况下是-93 dBm。然而，我们并没有任何已知的设计微弱非线性的方法来给出确定的无源互调失真值。因此，我们利用公式(4-1)，通过两个无源互调源的干涉来制作一个无源互调输出产物为-93 dBm 的网络。虽然不是完全相同，但是两个连接器给出了相近数值的无源互调，分别为-78.7 dBm 和-79.4 dBm。当求和公式被截断到仅剩下对应于两个连接器的两个值时，在式(4-1)中采用这些数值，得

$$V_{\text{IM}} = V_1 + V_2 \exp(\text{j}2\beta L_2) \tag{4-2}$$

该式给出了被一段变化长度 L_2 分离的两个连接器产生的总互调的预测值(如图4-2所示)。图4-2也示出了它们之间的线路分离不同于规定值时对应于双连接器网络产生的 PIM 的其他一些测量结果。和我们预料的一样，这些组件产生的互调强烈依赖于连接器之间的长度，在近 30 dB 范围内变化。然而，互调的预测值与测量值非常吻合，说明使用式(4-2)预测这种行为的精度很高。

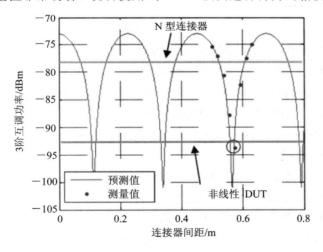

图 4-2　两个连接器不同间距的 PIM 电平

图 4-2 中还示出两条水平线，上边一条水平线是同轴连接器的互调输出的标定值，大约为-79 dBm。图中，两个连接器组合起来可以实现大约 30 dB 范围内的任何 PIM 电平值。PIM 的上限大约比任一个连接器的标定值高出6 dB，对应于除两个连接器产生的 PIM 之外的完全相长干涉。同样，由两个连接器产生的可能的总 PIM 的下限值对应于两个相应信号的最佳相消干涉。如果两个连接器产生的 PIM 电平相等，则可完全抵消。理论上，由这两个网络产

生的 PIM 电平的下限为零。然而，由图 4-2 可以看出，更高的抵消电平对应于更高的抵消灵敏度（对连接器之间的线长度而言），因此，用这种方法很难产生高于 30～40 dB 的极端抵消。最低电平大约是 −101 dBm（图 4-2），这是由于两个连接器产生的 PIM 并不相等，因而不能完全抵消。但是，由非线性待测器件产生的 PIM "目标"值并没有落在这个范围内。特别是，由式（4-2）可以预测得到，当两个连接器之间的电缆长度为 0.574 m 时（图 4-2 中的小圆圈），可以得到正确的数值。在这个实验中，测出对应于这个长度的 PIM 为 −93.7 dBm，这大约与高 PIM 电平相等。因而，选择这个长度（图 4-3 中的 L_1）连接两个 N 型连接器。

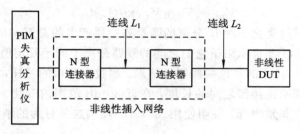

图 4-3　含有非线性插入网络的低 PIM 系统

选择不同的 PIM 源（如 SMA 连接器而不是 N 型连接器）并使用该方法，能够设计具有大范围 PIM 的非线性插入器件。Henrie 报导了一个由四种不同类型的大功率连接器产生的标定 PIM 值的结果，这就共同给出了大范围内的 PIM 值（60 dB 范围内）。因此，如果由高 PIM 负载产生的"目标"电平超出例子中所说的 N 型连接器所能达到的范围，那么至少这种方法可为不同 PIM 源的选择提供有效的参考。

（2）连接非线性的插入网络和非线性待测器件，并测量产生的互调，以便用式（4-1）计算它们之间的相位差。

由于我们已经匹配了由高 PIM 负载产生的 PIM 的幅度，所以我们需要求得非线性插入网络和高 PIM 负载间的传输线的长度。如果在上一步中使非线性待测器件的 PIM 输出与插入网络之间产生匹配，那么式（4-1）可以简化为被线路长度 L_2 所分离的两个相同项之和，或

$$V_{\mathrm{IM}}^{-} = V_{\mathrm{DUT}}[1 + \exp\mathrm{j}(2\beta L_2 + \varphi_{\mathrm{DUT}})] \tag{4-3}$$

式中，V_{DUT} 是非线性待测负载和插入网络产生的互调电压；L_2 是非线性插入网络与非线性待测负载之间的线路长度。式（4-3）告诉我们，为了得到最大程度的抵消效果，$(2\beta L_2 + \varphi_{\mathrm{DUT}})$ 必须是 $\dfrac{\pi}{2}$ 的奇数倍。不巧的是，多数 PIM 测量系统

不能解出所测量的 PIM 信号的相位 φ_{DUT}，因此，我们预先并不知道 L_2 的长度。然而，既然构造一个与高 PIM 负载产生的无源互调同幅度的网络，那么可以使用不同的连线长度将高 PIM 负载连接到插入网络，并测量两个非线性源共同产生的 PIM 的幅度，以便测量 PIM 信号的相位。当然，由于式（4-3）中相对于连线长度的周期特性，所以由这种方法得不到插入网络和原有网络之间的绝对相位。这种模糊性可以容忍，因为有多个可能的连线长度可以实现抵消的正确电平。用两种不同的连线长度进行的插入网络和非线性待测器件的组合测量通常足以计算实现最佳抵消的连线长度。图 4-4 说明了这个概念，作为计算由非线性待测器件和插入网络产生的非线性之间的相位差的起点，我们使用式（4-3）计算两个网络的干涉与连线长度的函数关系（图 4-4 中的实线）。预测的干涉幅度是周期性函数，每 180° 相位延迟重复一次（通过连接网络之间的连线产生），因此，我们仅画出第一个周期（图 4-4）。由式（4-3）所述的情形，任一次单一测量对应于 φ_{DUT} 的两个可能值（图 4-4 中方向朝下的三角形）。用不同 L_2 值进行的第二次测量解决了这种模糊性。在 180° 内即可确定 φ_{DUT}。图 4-4 中方向朝上的三角形用于确定图 4-3 中长度为 L_2 的第一次测量。

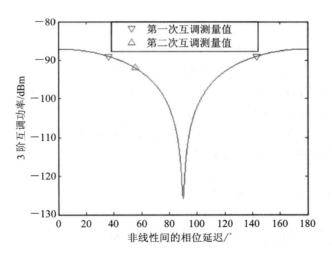

图 4-4　两个不同连线长度的 PIM 测量结果

（3）在非线性插入网络和非线性待测器件之间加入一段传输线，以获得两者之间最大可能的互调抵消。

既然我们知道了非线性插入网络和非线性待测器件之间的相位差，就可以求得实现最大抵消的插入网络与高 PIM 负载之间的线路长度。我们制作适当长度的传输线，用以连接插入网络和非线性待测器件。为了解释方便，我们连

接不同长度的电缆组件，每次都测量系统产生的总 PIM。图 4-5 示出了对最终
组件的 PIM 测量结果，其中将大功率负载作为待测器件。该结果表明，非线性
插入网络的引入可以有效降低系统的总 PIM，使系统的总 PIM 远低于以前定
义的系统中最坏器件产生的 PIM 电平。与加入插入组件以前相比，PIM 的减
小量为 24 dB，对各种线路长度测量 PIM 可以得到期望的结果。

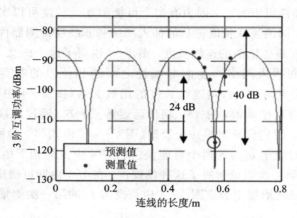

图 4-5　不同长度连线连接的结果

　　本节给出了一种通过加入一个非线性插入网络的方式在无线系统中减少残
余反射无源互调的新方法，这个非线性网络的 PIM 抵消了原来网络的 PIM。采
用标准商用微波器件可以验证这一方法的正确性。与待测器件单独产生的 PIM
相比，系统总的 PIM 明显降低（24 dB）。可见，此方法在减小系统总的 PIM 方
面是非常成功的，它不受器件特殊的尺寸设计和频率限制特性的低 PIM 器件
的影响。希望这种方法在现行的以 PIM 性能为优先考虑的大功率系统设计和
更为灵敏的 PIM 测量技术设计方面有所帮助，以便能够更加清晰地认识隐藏
于这种有趣现象背后的物理机理。

4.4　使用宽带可调互调源减小无源互调

　　本节描述一种产生人为非线性的方法，通过对同轴连接器的中央导体的电
镀的方法的选取，可以在宽带范围内设定和设计 PIM 输出的电平。这样的
“PIM 标准”具有许多用途，如为 PIM 分析仪提供 PIM 校准，为双音测试提供
相位检测。这种可调的 PIM 失真源也可以通过对系统中产生的 PIM 进行宽带
抵消（图 4-6），对微波网络中的 PIM 失真的减轻方法进行改进，以获得更好的
信号质量。

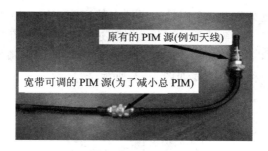

图 4 - 6　有意加进 PIM 源的示意图

4.4.1　宽带可调 PIM 源的设计

在许多无源器件(如 SMA 和 N 型连接器)中产生的 PIM 失真，主要是由电流通过连接器中的铁磁金属所致，而许多同轴连接器都具有镍或钢质的外导体，即使完全镀金的连接器在镀层下面也包含有镍作为扩散势垒或顶层金的黏性层。因为非线性失真是同轴器件中非线性铁磁材料产生的，所以连接器中产生的非线性失真的大小依赖于实际通过了这样的非线性金属的电流的强弱。因此，厚的金镀层可以减小通过非线性镍的电流，并可降低连接器的互调。本小节对 PIM 产物与金镀层厚度之间的关系进行定量分析，从而描述同轴连接器的 PIM 输出特征。

各向同性金属中趋肤效应现象的经典分析方法可以直接推广用于描述同轴传输线中的电流行为，在该传输线中的电流流动区域内存在着多层金属，且该金属在横向为各向异性。同轴传输线的镍镀金的中央导体就是这种情形。在以下讨论中，我们用脚标 n 表示镍区域，金区域用脚标 g 表示，这个系统中的电流密度分布在金属的趋肤深度范围内变化，我们研究的频率(500 MHz)处于微米数量级。因为这比传输线中央探针的曲率半径小好几个数量级，所以我们可以用迪卡尔坐标系而不是圆坐标系简化下面的分析。

电流密度 J_i 作为横向位置 x 的函数，满足下列一维扩散方程：

$$\frac{\mathrm{d}^2 J_i}{\mathrm{d}x^2} = \mathrm{j}\omega \sigma_i \mu_i J_i \tag{4-4}$$

式中，脚标 i 表示各个金属区域，σ 和 μ 分别为电导率和磁导率。电流密度的解是实指数函数的标准求和。由于镀金镍导体(如图 4-7 所示)是一个双层系统，所以可以使用电流密度的一阶空间导数在两区域边界 $x=x_i$ 处的边界条件：

$$\frac{1}{\mu_n \sigma_n} \frac{\mathrm{d}J_n}{\mathrm{d}x} = \frac{1}{\mu_g \sigma_g} \frac{\mathrm{d}J_g}{\mathrm{d}x} \tag{4-5}$$

这个边界条件可由跨越边界处的无穷小区域对式(4-4)进行积分推导出来。另外三个边界条件更为熟悉，它们是边界处电流密度连续、镍区域深处电流密度衰减以及由方程(4-4)解的积分可得到的流过导体的总电流。这 4 个边界条件可用于求解方程(4-4)的通解，得到同轴线电镀导体的电流密度的解析描述。这类电流密度的一种分布曲线如图 4-7 所示。

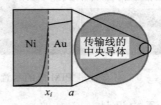

图 4-7　镀铜的镍制同轴传输线中央导体的电流密度分布

从图 4-7 可以看出，镍的趋肤深度比金（铜）的趋肤深度小得多（大约1/20）。由于镍的铁磁性，镍具有很大的磁导率，是金的磁导率的 400 倍，因而多数电流都集中在金层中，即使对厚度远小于趋肤厚度的金薄膜也是如此。例如，我们发现对于金属在镍上面的一个单位趋肤深度的厚度的金涂层就包含90％的电流，将镍层的电流减小一个数量级。当金的厚度增加时，电流继续转化到金区域，但是电流增加速率逐渐减小，譬如，两倍趋肤深度的厚度内的金将使 97％的电流限制在金层内。

大多数含镍连接器的互调完全依赖于系统中镍层所载的电流。因此，由一短同轴线产生的互调的解析表达式（作为金厚度的函数）由下式给出：

$$PIM = \alpha 20 \lg \int_0^{x_i} J_n(x)\,dx + \beta \text{(dBm)} \qquad (4-6)$$

式中，$J_n(x)$ 是 x_i 的函数，α 和 β 是由实验确定的量。

互调的阶数通常决定其增加率 α，或者决定失真功率与输入功率的函数关系。例如，3 阶失真来源于立方非线性过程，或者说输入功率每增加一个 dB，输出失真增加 3 dB。因此，人们可以假设只要将流过镍层的电流取立方（令 $\alpha = 3$），就可以对传输线产生的 PIM 随镀金层厚度的变化进行精确建模。但是，在图 4-8 所示的一个无线系统中产生 PIM 的无源互调测量结果中，这种 3 dB/dB 规律不再成立，在大功率时甚至掉到小于 1dB/dB。近期的发现解释了 α 的功率依赖性，并可计算 α 的值。然而，当我们的方法可以描述 PIM 随镀金层厚度相对变化时，不能预测它的绝对值。式(4-6)采用对数表示，用外加常数 β 来拟合互调大小的绝对值，β 是由实验确定的。

为了验证 PIM 与镀金层厚度的函数关系的预测方法的正确性，我们按照所描述的镍和金属金层系统对一系列 7/16 连接器的中央导体进行电镀。假设镍的相对磁导率为 400。在测试频率处的趋肤厚度为 0.33 μm，本实验中金的趋肤厚度为 3.64 μm，所有连接器都有 2 μm 的镀镍层，选取若干个趋肤深度以使镍层等效为半无限大。连接器的镀金厚度分别为 0、1.3 μm、2.4 μm 和 2.8 μm。无源互调失真用 Summitek400c 无源互调失真分析仪测量，采用载波频率为 463 MHz 和 468 MHz 的双音测试，每个载波的正向功率为 42 dBm，本测试测量频率 $2f_1 - f_2 = 458$ MHz 处的反射 3 阶无源互调。

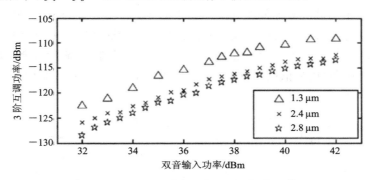

图 4-8 三种不同厚度的镀金连接器的 PIM 功率电平

图 4-9 示出了 PIM 与镀金层厚度之间的关系，也示出了 PIM 的解析预测与镀金层厚度之间的关系[式(4-6)中 $\alpha = 0.66$，β 固定]，因而当没有在连接器上镀金时，式(4-6)给出了 -97 dBm 的 PIM 预测值，与实验值一致。这些参量确定之后，用该模型对三个镀金连接器的 PIM 进行了正确的预测，结果如图 4-8 所示。这些连接器的 PIM 输出的实验测量值证实，用这种方法操纵这些人为 PIM 源的 PIM 输出，便可应用于各种场合。

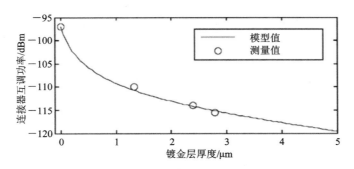

图 4-9 镍镀金同轴连接器的 PIM 功率电平与镀金层厚度的关系

4.4.2 改进的 PIM 抵消方法的应用

作为一个例子，PIM 功率可控源的一个应用就是在无线系统中创建抵消无源互调的宽带网络。在 4.3 节中，我们构建了一个非线性插入网络（由两个相隔一定传输线长度的 PIM 源，与系统产生的不需要的 PIM 相匹配），现在可用一个人为 PIM 源替换这个插入网络，达到精度上的改善和 PIM 抵消方面的宽带化。图 4-10 中的实线表示 4.3 节的 PIM 减小方法的情况，虚线表示可调 PIM 源对带宽的改善，水平线表示 GSM-PIM 标准。

图 4-10 示出了 4.3 节抵消网络和本节可调抵消网络两种情形的双音测量 PIM 功率电平与载波频率间距之间的关系曲线。在 4.3 节的抵消方法中，由于插入网络中的传输线电长度对频率的依赖性，PIM 抵消仅在一个较窄的带宽内实现（部分带宽为 0.7%）。相比之下，本节用一个宽带可调 PIM 源（如本节描述的同轴连接器）代替依赖于频率的插入网络，PIM 抵消的带宽增大到 400%，部分带宽达 2.9%。

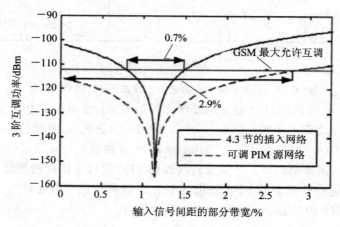

图 4-10　可调 PIM 源对 PIM 抵消带宽的改善

第五章

无源互调产物的一般特性

本章讨论落入接收通带之内形成干扰的无源互调产物的一般行为特性。在假设传递函数为已知的情况下欲求：① 各种互调产物的幅度；② 互调产物随阶数下降的比率；③ 传递函数类型和互调产物下降比率之间的关系。为了方便起见，假设传递函数为无记忆传递函数，并将它分解为奇次项和偶次项，以便计算各阶互调产物的具体形式。由于我们主要对定性结果感兴趣，所以本章主要讨论二载波情形，仅简要介绍多载波情形。另外，考虑到傅里叶级数的简单性，因而选用傅里叶级数法。

本章选用两种简单的传递函数(一种是限制在大输入电平范围内的分段线性软限幅器，即经典的 TWTA 模型；另一种是连续软限幅器)，用于说明无源互调产物的一般行为特性，特别是高阶产物的行为。我们将会看到互调(IM)输出的复杂性，理论上存在无数多个互调产物。但是，当我们将注意力集中在感兴趣的频率附近时，将看到最低阶互调产物在功率上占取主导地位，因而最低阶互调产物成为主要的干扰源。要说明的是，本章假设非线性与频率无关。实际上，非线性也有可能与频率有关，但是情况要复杂得多，因而这里暂不涉及。

5.1　传递函数的一般分解

设 $f(x)$ 为无记忆非线性器件的一般瞬时传递函数，它总可以分解为下列形式：

$$f(x) = g(x) + h(x) \tag{5-1}$$

其中

$$g(x) = \frac{1}{2}\big[f(x) - f(-x)\big] \tag{5-2}$$

$$h(x) = \frac{1}{2}\big[f(x) + f(-x)\big] \tag{5-3}$$

式中，$g(x)$ 为奇函数，$h(x)$ 为偶函数。

由于 $g(x)$ 和 $h(x)$ 分别为奇函数和偶函数,所以它们可以在区间 $(-A, A)$ 上展开为

$$g(x) = a_1 x + a_3 x^3 + a_5 x^5 + \cdots \tag{5-4}$$

$$h(x) = a_0 + a_2 x^2 + a_4 x^4 + a_6 x^6 + \cdots \tag{5-5}$$

奇函数 $g(x)$ 包含奇次幂项,产生 I 区(其定义见第一章)IM 产物,而偶函数 $h(x)$ 仅产生偶次谐波。因此,在考虑 I 区 IM 产物时,计算时仅取传递函数的奇数部分。

为了便于理解,我们对以上过程进行图解说明。现以理想线性半波整流器和偏置半波整流器为例,它们的分解图如图 5-1 和图 5-2 所示。容易看出,理想线性整流器的奇数部分是通过原点的直线,不产生任何 IM 产物或谐波,而偏置半波整流器可以产生 IM 产物。

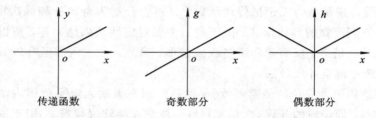

传递函数　　　　　奇数部分　　　　　偶数部分

图 5-1　理想线性半波整流器

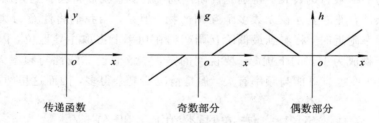

传递函数　　　　　奇数部分　　　　　偶数部分

图 5-2　偏置半波整流器

在以下的讨论中,设 $f(x)$ 为奇函数,且其傅里叶展开为

$$f(x) = \sum_{m=1}^{\infty} b_m \sin\left(\frac{m\pi x}{A}\right) \tag{5-6}$$

非线性器件的以上表示形式通常称为瞬时传递函数。对于微波器件,不易测量瞬时传递函数,因此通常采用"窄带"特性。现在集中讨论式(5-6)与窄带模型之间的关系。典型例子是行波管放大器(TWTA),通常输入单正弦信号(或单载波)测量输入和输出功率。为了求得窄带响应,往往在 TWTA 之后加上本地滤波器,输入/输出功率关系曲线可解释为在感兴趣的区域内成立的放大器的包络传递函数。

　　使用时要注意包络传递函数与瞬时传递函数的区别，包络传递函数是正弦载波的幅度，而瞬时传递函数给出了输入电压和输出电压之间的瞬时关系。假设 TWTA 的输入信号为

$$x(t) = a(t)\cos(\omega t + \theta) \tag{5-7}$$

并设 $a(t)$ 缓慢变化，输出可以写成

$$y(t) = f[a(t)]\cos[\omega t + \theta + g(a(t))] \tag{5-8}$$

传递函数 $f(a)$ 和 $g(a)$ 分别表示包络传递函数的 AM - AM 转换和 AM - PM 转换。很明显，可将上述过程用复数表示，即 TWTA 的传递函数可以写成

$$F(a) = f(a)e^{jg(a)} \tag{5-9}$$

式中，a 为 $a(t)$ 的缩写，式(5-8)可重新写成下列形式：

$$y(t) = f(a)\cos[g(a)]\cos(\omega t + \theta) + f(a)\sin[g(a)]\sin(\omega t + \theta) \tag{5-10}$$

式中，每个 $y(t)$ 的正交分量被认为是具有下列包络传递函数的非线性器件的输出：

$$f_1(a) = f(a)\cos[g(a)] \tag{5-11}$$

或

$$f_2(a) = f(a)\sin[g(a)] \tag{5-12}$$

　　因此，我们已经看到非线性器件的 AM - AM 特性和 AM - PM 特性总可分解为两个包络传递函数。为了简单起见，接下来对 IM 行为特性的讨论中，我们假设仅存在包络传递函数。下面要讨论的一个重要问题是，瞬时传递函数和包络传递函数之间是否有联系？如果有联系，那么联系又是什么？在讨论这个问题之前，首先注意，多载波输入情况下瞬时传递函数一般来说产生各阶 IM 产物和谐波，对包络传递函数也有同样情况。但是对单载波输入，瞬时传递函数会产生谐波，而包络传递函数仅产生单输出载波。两者的区别在于，后者假设在 TWTA 之后有本地滤波器滤掉了所有谐波，因而可以推断，也可用瞬时传递函数建模。现在说明两者之间的数学联系。假设窄带输入为

$$x(t) = a(t)\cos(\omega t + \alpha(t)) \tag{5-13}$$

式中，$a(t)$ 是包络，$\alpha(t)$ 是相位变化。令瞬时传递函数为 $f(x)$，输出为

$$y(t) = f[x(t)] \tag{5-14}$$

　　若令 $\theta(t) = \omega t + \alpha(t)$，$a(t)$ 缩写为 a，则 $y(t)$ 变为

$$y(t) = f[a\cos\theta(t)] \tag{5-15}$$

或

$$y = f(a\cos\theta)$$

由于 y 对 θ 是周期性的，所以可以表示为傅里叶级数：

$$y = \frac{1}{2} v_0(a) + v_1(a)\cos(\theta) + v_2(a)\cos(2\theta) + \cdots$$

式中，

$$v_m(a) = \frac{2}{\pi} \int_0^\pi f(a\cos\theta)\cos m\theta \, \mathrm{d}\theta \qquad (5-16)$$

很明显，$v_1(a)\cos(\theta)$ 是Ⅰ区输出；$\dfrac{v_0(a)}{2}$ 是低频输出；$v_2(a)\cos(2\theta)$ 是Ⅱ区（其定义见第一章）输出。因此，$v_1(a)$ 是包络传递函数。Blachman 将 $v_m(a)$ 表示成为 m 阶切比雪夫变换。特别是，Ⅰ区切比雪夫变换将包络传递函数和瞬时传递函数联系起来，还推导了一阶切比雪夫变换对：

$$v_1(a) = \frac{2}{\pi} \int_0^\pi f(a\cos\theta)\cos\theta \, \mathrm{d}\theta \qquad (5-17)$$

$$f(a) = \frac{1}{2} \int_0^{\frac{\pi}{2}} [v_1(\cos\phi) + v_1'(\cos\phi)\cos\phi] \mathrm{d}\phi + h(a) \qquad (5-18)$$

式中，v_1' 表示 v_1 的导数，$h(a)$ 是关于 a 的任意偶函数。由此可知，如果已知瞬时传递函数，那么根据各阶切比雪夫变换就可唯一确定所有区域的特性。但是，如果仅已知Ⅰ区包络传递函数，还不能唯一确定完整的瞬时传递函数，因为所给信息不包含任何偶数部分的信息。然而，在计算Ⅰ区产物时，可以忽略 $f(x)$ 的偶数部分，因此，以上变换-反变换对提供了Ⅰ区的瞬时传递函数和包络传递函数的联系。

5.2 二载波情况下Ⅰ区互调产物的一般表达式

本节推导Ⅰ区互调产物的一般表达式，并讨论它们的基本特性。

5.2.1 Ⅰ区互调产物的求和表示

令 $f(x)$ 是非线性器件的瞬时传递函数，又假设 $f(x)$ 是区间 $(-A, A)$ 内的奇对称函数，所以它可展开为下列形式的傅里叶级数：

$$f(x) = \sum_{m=1}^\infty b_m \sin\left(\frac{m\pi x(t)}{A}\right) \qquad (5-19)$$

式中，$x(t)$ 表示输入信号（$\omega_1 < \omega_2$）。

$$x(t) = A(a_1\cos\omega_1 t + a_2\cos\omega_2 t) \qquad (5-20)$$

式中，$a_1 > 0$，$a_2 < 1$，$a_1 + a_2 < 1$，输入是角频率分别为 ω_1 和 ω_2 且靠得很近的两个载波，将式（5-20）代入式（5-19），可得输出为

$$y(t) = f[x(t)]$$

$$= \sum_{m=1}^{\infty} b_m \sin\left[\frac{m\pi}{A} A(a_1 \cos\omega_1 t + a_2 \cos\omega_2 t)\right]$$

$$= \sum_{m=1}^{\infty} b_m \sin\left[m\pi(a_1\cos\omega_1 t + a_2\cos\omega_2 t)\right]$$

$$= \sum_{m=1}^{\infty} b_m \left[\sin(m\pi a_1 \cos\omega_1 t)\cdot\cos(m\pi a_2\cos\omega_2 t)\right.$$

$$\left. + \cos(m\pi a_1\cos\omega_1 t)\cdot\sin(m\pi a_2\cos\omega_2 t)\right] \tag{5-21}$$

使用公式

$$\sin(z\cos\theta) = 2\sum_{k=0}^{\infty} (-1)^k J_{2k+1}(z)\cos(2k+1)\theta \tag{5-22}$$

$$\cos(z\cos\theta) = J_0(z) + 2\sum_{k=1}^{\infty} (-1)^k J_{2k}(z)\cos(2k\theta) \tag{5-23}$$

式中，$J_{2k}(z)$ 为 $2k$ 阶贝塞尔函数，则输出变为

$$y(t) = \sum_{k=0}^{\infty} b_m \left\{ \left[2\sum_{k=0}^{\infty} (-1)^k J_{2k+1}(m\pi a_1)\cos(2k+1)\theta_1 \right]\right.$$

$$\left[J_0(ma_2) + 2\sum_{k=1}^{\infty} (-1)^k J_{2k}(m\pi a_2)\cos 2k\theta_2 \right]$$

$$+ \left[J_0(m\pi a_1) + 2\sum_{k=1}^{\infty} (-1)^k J_{2k}(m\pi a_2)\cos 2k\theta_1 \right]$$

$$+ \left. \left[2\sum_{k=1}^{\infty} (-1)^k J_{2k+1}(m\pi a_2)\cos(2k+1)\theta_2 \right] \right\}$$

式中，$\theta_1 = \omega_1 t$，$\theta_2 = \omega_2 t$。

$$y(t) = 2\sum_{m=1}^{\infty} b_m \left\{ \left[\sum_{k=0}^{\infty} (-1)^k J_{2k+1}(m\pi a_1) J_0(m\pi a_2)\cos(2k+1)\theta_1 \right]\right.$$

$$+ \sum_{k=1}^{\infty} (-1)^k J_{2k+1}(m\pi a_2) J_1(m\pi a_1)\left[\cos(2k\theta_2 + \theta_1) + \cos(2k\theta_2 - \theta_1)\right]$$

$$+ \sum_{k=1}^{\infty} (-1)^k J_{2k}(m\pi a_2) J_3(m\pi a_1)\left[\cos(2k\theta_2 + \theta_3) + \cos(2k\theta_2 - 3\theta_3)\right] + \cdots$$

$$+ \sum_{k=1}^{\infty} (-1)^k J_{2k+1}(m\pi a_2) J_0(m\pi a_1)\cos(2k+1)\theta_2$$

$$+ \sum_{k=1}^{\infty} (-1)^k J_{2k}(m\pi a_1) J_1(m\pi a_2)\left[\cos(2k\theta_1 + \theta_2) + \cos(2k\theta_1 - \theta_2)\right]$$

$$+ \left. \sum_{k=1}^{\infty} (-1)^k J_{2k}(m\pi a_1) J_3(m\pi a_2)\left[\cos(2k\theta_1 + 3\theta_2) + \cos(2k\theta_1 - 3\theta_2)\right] + \cdots \right\}$$

$$\tag{5-24}$$

将 I 区项合并，并设 $Y(p, q)$ 表示频率 $p\omega_1 + q\omega_2$ 处的互调输出，则 ω_1 和 ω_2 处的输出载波分别为

$$Y(1, 0) = 2\sum_{m=1}^{\infty} b_m J_1(m\pi a_1) J_0(m\pi a_2)\cos\theta_1$$

$$Y(0, 1) = 2\sum_{m=1}^{\infty} b_m J_0(m\pi a_1) J_1(m\pi a_2)\cos\theta_2$$

频率大于 ω_2 处的 IM 产物是

$$Y(-k, k+1) = (-1)^k 2\sum_{m=1}^{\infty} b_m J_k(m\pi a_2) J_{k+1}(m\pi a_1) \qquad (5-25)$$

式中，$k \geqslant 0$ 应为整数，即

$$Y(-1, 2) = -2\sum_{m=1}^{\infty} b_m J_1(m\pi a_2) J_2(m\pi a_1)$$

$$Y(-2, 3) = 2\sum_{m=1}^{\infty} b_m J_2(m\pi a_2) J_3(m\pi a_1)$$

$$\vdots$$

IM 产物的阶数为

$$n = k + 1 + |-k| = 2k + 1$$

式中，k 为整数。

频率低于 ω_1 的 IM 产物为

$$Y_k = Y(k+1, -k) = (-1)^k 2\sum_{m=1}^{\infty} b_m J_k(m\pi a_1) J_{k+1}(m\pi a_2) \qquad (5-26)$$

注意，如果 $a_1 = a_2$，那么输出频谱对称于两输入频率的平均值 $\dfrac{\omega_1 + \omega_2}{2}$，因此

$$Y(-k, k+1) = Y(k+1, -k) \qquad (5-27)$$

以下讨论级数(式(5-26))的收敛性。

对于大的 k，考虑贝塞尔函数的渐近形式：

$$J_v(z) = \left(\frac{2}{\pi z}\right)^{1/2}\cos\left(z - \frac{1}{2}v\pi - \frac{\pi}{4}\right) + 0(|z|^{-1})$$

对于实数 z 和大值 v，很明显，

$$|J_k(m\pi a_1)| \leqslant \frac{M_1}{\sqrt{m}} + 0\left(\frac{1}{m}\right)$$

$$|J_k(m\pi a_2)| \leqslant \frac{M_2}{\sqrt{m}} + 0\left(\frac{1}{m}\right)$$

由于 b_m 是传递函数的傅里叶系数，所以

$$|b_m| \leqslant \frac{M_3}{m}$$

综合考虑以上关系，得

$$|Y_k| \leqslant 2\sum_{m=1}^{\infty} |b_m \mathrm{J}_k(m\pi a_1)\mathrm{J}_{k+1}(m\pi a_2)|$$

$$= 2\sum_{m=1}^{k'-1} |b_m \mathrm{J}_k(m\pi a_1)\mathrm{J}_{k+1}(m\pi a_2)|$$

$$+ 2\sum_{m=k'}^{\infty} |b_m \mathrm{J}_k(m\pi a_1)\mathrm{J}_{k+1}(m\pi a_2)|$$

很明显，上式右边的第一项的求和是有限的，而由于 k 很大，因而对上式的第二项可以使用贝塞尔函数的渐近形式，第二项为

$$Y_{k2} = 2\sum_{m=k'}^{\infty} |b_m \mathrm{J}_k(m\pi a_1)\mathrm{J}_{k+1}(m\pi a_2)|$$

$$\leqslant 2\sum_{m=k'}^{\infty} \frac{M_3}{m}\left[\frac{M_2}{\sqrt{m}}+0\left(\frac{1}{m}\right)\right]\left[\frac{M_3}{\sqrt{m}}+0\left(\frac{1}{m}\right)\right]$$

$$= \sum_{m=k'}^{\infty} \frac{M_4}{m^2}+\frac{M_3}{m}0\left(\frac{1}{m}\right)0\left(\frac{1}{m}\right)$$

可见级数 Y_{k2} 是收敛的，因此级数 Y_k 绝对收敛，因而也是一致收敛的。

5.2.2 I 区互调产物的积分表示

对等幅载波情形，$a_1=a_2=a$，在式(5-26)中令 $k=0$，考虑下列关系式：

$$S_0 = \sum_{m=1}^{\infty} b_m \mathrm{J}_0(m\pi a)\mathrm{J}_1(m\pi a)$$

式中，$0\leqslant a\leqslant\dfrac{\pi}{2}$。令 $\gamma=\pi a$，将 S 逐项对 γ 进行积分，并用 C 表示任意常数，得

$$S_1 = \int S\mathrm{d}\gamma = C + \int \mathrm{d}\gamma \sum_{m=1}^{\infty} b_m \frac{2}{\pi}\int_0^{\frac{\pi}{2}} \mathrm{J}_1(2ma\,\cos\theta)\cos\theta\,\mathrm{d}\theta$$

使用公式

$$\int \mathrm{J}_1(2m\gamma\,\cos\theta)\mathrm{d}\gamma = C - \frac{\mathrm{J}_0(2m\gamma\,\cos\theta)}{2m\,\cos\theta}$$

逐项积分，S_1 变为

$$S_1 = C - \frac{1}{\pi}\sum_{m=1}^{\infty} \frac{b_m}{m}\int_0^{\frac{\pi}{2}} \mathrm{J}_0(2m\gamma\,\cos\theta)\mathrm{d}\theta$$

使用公式

$$\mathrm{J}_0(z) = \frac{2}{\pi}\int_0^{\frac{\pi}{2}} \cos(z\,\sin\phi)\mathrm{d}\phi$$

S_1 进一步变为

$$S_1 = C - \frac{1}{\pi} \sum_{m=1}^{\infty} \frac{b_m}{m} \int_0^{\frac{\pi}{2}} \mathrm{d}\theta \int_0^{\frac{\pi}{2}} \mathrm{d}\phi \frac{2}{\pi} \cos(2m\gamma \cos\theta \sin\phi)$$

将积分与求和交换次序，并整理得

$$S_1 = \frac{4}{\pi^2} \int_0^{\frac{\pi}{2}} \mathrm{d}\theta \int_0^{\frac{\pi}{2}} \mathrm{d}\phi \sum_{m=1}^{\infty} \int_0^{\alpha \cos\theta \sin\phi} b_m \sin(2m\lambda) \mathrm{d}\lambda + C - \psi$$

式中，ψ 是独立于 α 的函数。交换积分与求和次序，并注意傅里叶展开：

$$\sum_{m=1}^{\infty} b_m \sin(2m\lambda) = f\left(\frac{2\lambda}{\pi}\right) \quad (f \text{ 为奇函数，} f(x) \text{ 是传递函数})$$

然后令 $2\lambda = \tau$，得

$$S_1 = \frac{2}{\pi^2} \int_0^{\frac{\pi}{2}} \mathrm{d}\theta \int_0^{\frac{\pi}{2}} \mathrm{d}\phi \int_0^{2\gamma \cos\theta \sin\phi} f\left(\frac{\tau}{\pi}\right) \mathrm{d}\tau + C - \psi$$

上式对 γ 求导，并化简整理得

$$S_0 = \frac{\mathrm{d}S_1}{\mathrm{d}\alpha} = \frac{4}{\pi^2} \int_0^{\frac{\pi}{2}} \int_0^{\frac{\pi}{2}} f(2a \cos\theta \sin\phi) \cos\theta \sin\phi \, \mathrm{d}\theta \, \mathrm{d}\phi$$

上式对应于双音等幅载波情形的输出载波电平，以下将其推广到任意阶互调产物：

$$Y_k = (-1)^k 2 \sum_{m=1}^{\infty} b_m \mathrm{J}_k(m\pi a) \mathrm{J}_{k+1}(m\pi a)$$

$$= (-1)^k 2 \sum_{m=1}^{\infty} b_m \mathrm{J}_k(m\gamma) \mathrm{J}_{k+1}(m\gamma)$$

使用公式

$$\mathrm{J}_u(z)\mathrm{J}_v(z) = \frac{2(-1)^v}{\pi} \int_0^{\frac{\pi}{2}} \mathrm{J}_{u-v}(2z \cos\theta) \cos(u+v)\theta \, \mathrm{d}\theta$$

Y_k 变为

$$Y_k = \frac{4(-1)^{2k}}{\pi} \sum_{m=1}^{\infty} b_m \int_0^{\frac{\pi}{2}} \cos(2k+1)\theta \mathrm{J}_1(2m\gamma \cos\theta) \mathrm{d}\theta$$

上式对 γ 逐项积分，然后再微分，整理后得

$$Y_k = (-1)^k 2 \sum_{m=1}^{\infty} b_m \mathrm{J}_k(m\pi a) \mathrm{J}_{k+1}(m\pi a)$$

$$= (-1)^{2k} \frac{8}{\pi^2} \int_0^{\frac{\pi}{2}} \int_0^{\frac{\pi}{2}} f(2a \cos\theta \sin\phi) \cos(2k+1)\theta \sin\phi \, \mathrm{d}\theta \, \mathrm{d}\phi$$

$$(5-28)$$

对非等幅载波情形，$a_1 \neq a_2$，则使用公式

$$J_k(z) = \frac{j^{-k}}{\pi} \int_0^\pi e^{jz\cos\theta} \cos(k\theta) \, d\theta$$

并令 $\pi a_1 = \alpha$，$\pi a_2 = \beta$，得

$$(-1)^k 2 \sum_{m=1}^\infty b_m J_k(m\alpha) J_{k+1}(m\beta)$$

$$= \text{Re} \, 2(-1)^k \sum b_m \frac{j^{-k}}{\pi} \int_0^\pi e^{jm\pi a_1 \cos\theta} \cos(k\theta) \, d\theta$$

$$\cdot \frac{j^{-(k+1)}}{\pi} \int_0^\pi e^{jm\pi a_2 \cos(k+1)\phi} \cos(k+1)\phi \, d\phi$$

$$= \frac{2}{\pi^2} \int_0^\pi \int_0^\pi f(\alpha\cos\theta + \beta\cos\phi) \cos k\theta \cos(k+1)\phi \, d\theta \, d\phi$$

$$0 \leqslant \alpha + \beta \leqslant \pi \tag{5-29}$$

5.2.3　减小互调产物速率的另一种推导方法

由上一小节可得，阶数为 $n = 2k+1$ 的 IM 产物的幅度与下式成正比：

$$\rho = \iint f(2a\cos\theta\sin\phi) \cos(2k+1)\theta \sin\phi \, d\theta \, d\phi \tag{5-30}$$

定理　如果 $f(x)$ 单值、有界且在区间 $[0,1)$ 满足 Dirichlet 条件，则 $\rho \leqslant \dfrac{K}{2k+1}$，式中 K 是正数，且独立于 k。

证明　因为 $f(x)$ 有界且满足 Dirichlet 条件，所以可将 $f(x)$ 分解为有限个区间，在每个分区间上为单值，考虑

$$F(\lambda) = \int_0^{\frac{\pi}{2}} f(\lambda\sin\phi) \sin\phi \, d\phi$$

用第一个积分计算 ρ 时，由于在 $0 \leqslant \theta \leqslant \dfrac{\pi}{2}$ 时，$f(\lambda\sin\phi)$ 单值、有界，所以对 $F(\lambda)$ 使用积分第二中值定理，得

$$F(\lambda) = \sin 0 \int_0^\xi f(\lambda\sin\phi) \, d\phi + f\left(\lambda\sin\frac{\pi}{2}\right) \int_\xi^{\frac{\pi}{2}} \sin\phi \, d\phi$$

$$0 \leqslant \xi \leqslant \frac{\pi}{2}$$

由于 $\sin 0 = 0$，$\sin\dfrac{\pi}{2} = 1$，则

$$F(\lambda) = f(\lambda) \int_\xi^{\frac{\pi}{2}} \sin\phi \, d\phi \tag{5-31}$$

$$F(\lambda) = f(\lambda)\cos\xi = k'f(\lambda) \qquad (5-32)$$

式中，$k' = \cos\xi$。

如果 λ 一定，那么 ξ 是常数，k' 亦为常数。因此，在上述假设情况下，$F(\lambda)$ 与 $f(\lambda)$ 的变化规律相同。结果，$F(\lambda)$ 可分解为有限个单值的分段。现在，可将 $\left(0, \dfrac{\pi}{2}\right)$ 分解成有限区间 (q_r, q_{r+1})。

$$\rho = \sum_r \int_{q_r}^{q_{r+1}} F(2a\cos\theta)\cos(2k+1)\theta\, d\theta$$

$$= \sum_r \left\{ \int_{q_r}^{\xi_r} F(2a\cos q_t^+)\cos(2k+1)\theta\, d\theta + F(2a\cos q_{r+1}^-) \int_{\xi_r}^{q_{r+1}} \cos(2k+1)\theta\, d\theta \right\}$$

式中，$F(2a\cos\theta)$ 以单值变化。

这里，ξ_r 是区间 (q_r, q_{r+1}) 内的数。因此

$$|\rho| \leqslant \frac{2}{2k+1} \sum_r \left\{ |F(2a\cos q_r^+)| + |F(2a\cos q_{r+1}^-)| \right\} \leqslant \frac{2}{2k+1} 2pM$$

$$(5-33)$$

式中，对所有 θ，$|F(2a\cos\theta)| \leqslant M$。$p$ 为开区间 $\left(0, \dfrac{\pi}{2}\right)$ 分解的数目，且

$$|\rho| \leqslant \frac{k}{2k+1}$$

如果 $f(x)$ 是 C^i，即 $f(x)$ 的 i 阶导数连续，则上述结果可推广为

$$|\rho| \leqslant \frac{k}{(2k+1)^i}$$

这就是互调产物的渐近下降速率的公式表示。

5.3　多载波情况下互调产物的一般表达式

设输入信号由 N 个正弦信号组成：

$$x(t) = \sum_{i=1}^{N} a_i \cos\omega_i t \qquad (5-34)$$

瞬时传递函数由下式给出：

$$y(t) = f(x) = \sum_{m=1}^{\infty} b_m \sin\left(\frac{m\pi x}{A}\right) \qquad (5-35)$$

式中，$f(x)$ 定义在 $(-A, A)$，将式 $(5-34)$ 代入式 $(5-35)$，输出变为

$$y(t) = \sum_{m=1}^{\infty} b_m \sin\left[\frac{m\pi}{A} \sum_{i=1}^{N} a_i \cos\omega_i t\right]$$

令 $\alpha_i = \dfrac{\pi}{A}a_i$，$\theta_i = \omega_i t$，输出可重写为

$$y(t) = \sum_{m=1}^{\infty} b_m \sin\left[m\sum_{i=1}^{N}\alpha_i \cos\theta_i\right]$$

为了展开上式，考虑下列关系：

$$\psi = \sin\left(\sum_{i=1}^{N}\beta_i\right)$$

反复使用两个宗量的三角恒等式，很容易看出 ψ 可以表示成 2^{N-1} 项之和。当然，我们的主要问题是这 2^{N-1} 项是什么形式。为此，可以直接使用二宗量三角恒等式和 N 宗量加法公式。对于 $N>2$，有

$$\sin\left(\sum_{i=1}^{N}\beta_i\right) = \begin{cases} S_1 - S_3 + S_5 - \cdots + S_N & N \text{ 为奇数} \\ S_1 - S_3 + S_5 - \cdots + S_{N-1} & N \text{ 为偶数} \end{cases}$$

式中，S_r 表示 r 个角的正弦与 $N-r$ 个角的余弦乘积之和，r 个角是从 N 个角中以所有可能的方式选取的，比如：

$$S_1 = \sin\beta_1 \cos\beta_2 \cos\beta_3 \cdots \cos\beta_N + \cos\beta_1 \sin\beta_2 \cos\beta_3 \cos\beta_4 \cdots \cos\beta_N$$
$$+ \cdots + \cos\beta_1 \cos\beta_2 \cdots \cos\beta_{N-1} \sin\beta_N$$

$$S_3 = \sin\beta_1 \sin\beta_2 \sin\beta_3 \cos\beta_4 \cos\beta_5 \cdots \cos\beta_N + \sin\beta_1 \sin\beta_2 \cos\beta_3 \sin\beta_4 \cos\beta_5 \cdots \cos\beta_N$$
$$+ \cdots + \cos\beta_1 \cos\beta_2 \cdots \cos\beta_{N-3} \sin\beta_{N-2} \sin\beta_{N-1} \sin\beta_N$$

因此

$$\psi = \sum_{j=1}^{2^{N-1}} \left(\prod_{i=1}^{N} T_i(\beta_i)\right) \qquad T_i \text{ 表示 sin 或 cos}$$

将以上的三角展开式代入 y 的原表达式，得

$$y = \sum_{m=1}^{\infty} b_m \left[\sum_{j=1}^{2^{N-1}} \left(\prod_{i=1}^{N} T_i(m\alpha_i \cos\theta_i)\right)\right]$$

式中，T_i 可为正弦或余弦。为了从上式中提取互调产物和输出载波项，将上式完全展开是没有必要的，只需要注意以下公式：

$$\sin(z\cos\theta) = 2\sum_{k=0}^{\infty} (-1)^k J_{2k+1}(z)\cos(2k+1)\theta$$

$$\cos(z\cos\theta) = J_0(z) + 2\sum_{k=0}^{\infty} (-1)^k J_{2k}(z)\cos 2k\theta$$

$$\cos A \cos B = \frac{1}{2}\left[\cos(A+B) + \cos(A-B)\right]$$

略去输出产物的符号，在频率为 $\sum_{i=1}^{N} s_i\omega_i$ 时的互调产物的幅度为

$$Y(s_1, s_2, \cdots s_N) = 2\sum_{m=1}^{\infty} b_m J_{|s_1|}(m\alpha_1) J_{|s_2|}(m\alpha_2) \cdots J_{|s_N|}(m\alpha_N)$$

$$(5-36)$$

对于 I 区互调产物，$s_i = 1$。但是上式对任何 s_i 的组合均成立。

当输入信号由两个以上的载波组成时，输出信号的频谱具有非常复杂的结构。不像二载波那样简单，这时，计算完整的频谱不再是一件容易的事情。虽然我们已经推导出了计算任意特别的互调产物的数学表示式，但是并不知道哪些互调产物落入我们感兴趣的通带之内。另外，多个互调产物也许落入同一个特别的频率上。因此，在很大程度上，计算互调产物的工作归结到预测落入给定频率的互调产物的阶数和类型上。Kai Y Eng 博士对此进行了较为深入的研究。

5.4 实例分析

5.4.1 模型

以二载波情形为例，假设输入信号为

$$x(t) = a_1 \cos\omega_1 t + a_2 \cos\omega_2 t$$

下面将使用两种瞬时传递函数，即经典 TWTA 分段线性软限幅器和光滑软限幅器模型，分析互调产物的一般行为特性。分段线性软限幅器的传递函数（图 5-3）定义为

$$y = \begin{cases} K & x > x_p \\ \dfrac{K}{x_p} x & -x_p \leqslant x \leqslant x_p \\ -K & x < -x_p \end{cases}$$

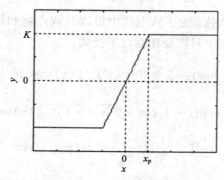

图 5-3 分段线性软限幅器

当输入 x 超过 x_p 时，输出 y 达到饱和值 K。为了求解傅里叶级数，将 x 限制在区间 $(-A, A)$，那么可认为比值 $\dfrac{x_p}{A}$ 为传递函数的硬度，并且对输出互调电平影响很大。然后，为了方便对结果进行比较，特定义下列非线性参数，表示相对于输入信号的硬度：

$$\alpha_p = \frac{\dfrac{x_p}{A}}{a_1 + a_2}$$

式中，a_1 和 a_2 是输入信号的幅度，$a_1 + a_2 < A$，将 A 归一化为 1，α_p 变为

$$\alpha_p = \frac{x_p}{a_1 + a_2}$$

$\alpha_p = 0$ 对应于硬限幅器情形；$\alpha_p \geqslant 1$ 是线性情形；$0 < \alpha_p < 1$ 时，输入之和的幅值被消掉，因而失真的输出中包含互调产物。

与分段线性软限幅器相比，光滑软限幅器（图 5-4）是无跳变的连续函数，它的传递函数定义为

$$y = \begin{cases} K(1 - e^{-bx}) & x \geqslant 0 \\ -K(1 - e^{bx}) & x < 0 \end{cases} \tag{5-37}$$

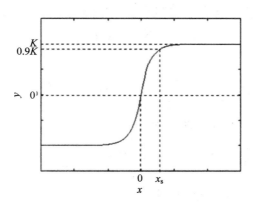

图 5-4　光滑软限幅器

峰值输出 K 为归一化因子，而指数上的 b 是决定达到饱和快慢的常数，$b \to \infty$ 对应于硬限幅器情形。类似地，定义参数 α_s，以度量相对于输入信号的硬度。由于指数函数永远严格达不到饱和水平 1，因而我们随便取 $y = 0.9$ 作为参考点：

$$\alpha_s = \frac{x_s}{a_1 + a_2} \tag{5-38}$$

式中，x_s 是 $y=0.9$ 时 x 的值。仅当 $\alpha_s \geqslant 1$ 时传递函数才是线性的。分段线性软限幅器和光滑软限幅器的显著区别是，前者的导数不连续，而后者的导数连续，这种特性的影响将在频谱中表现出来。

为了用式(5-25)或式(5-26)计算互调输出，必须推导出传递函数的傅里叶系数。比如，对分段线性软限幅器，在区间($-A$, A)的傅里叶展开系数为

$$b_m = \frac{2K}{m\pi}\left[\frac{\sin\left(\frac{m\pi x_p}{A}\right)}{\frac{m\pi x_p}{A}} - \cos m\pi\right] \tag{5-39}$$

归一化后，上式中的 A 可理解为 1。根据上述表达式，b_m 的各项按 $\frac{1}{m}$ 减小，这一点大大地减慢了级数的收敛速度，因为如果 m 是决定收敛的唯一因素，那么要得到 6 位精度，就需要 1000 项，这使计算太费时。考虑这些因素之后，可对 b_m 进行修正，以加速收敛过程。

从原函数中减去一个线性函数的方法，可以消除 $\pm A$ 处的奇异性，令

$$\phi(x) = f(x) - \frac{K}{A}x \qquad -A < x < A$$

$\phi(x)$ 是一个没有不连续点的函数，可将 $\phi(x)$ 展开为傅里叶级数：

$$\phi(x) = \sum_{m=1}^{\infty} b'_m \sin\left(\frac{m\pi x}{A}\right)$$

因此

$$f(x) = \sum_{m=1}^{\infty} b'_m \sin\left(\frac{m\pi x}{A}\right) + \frac{K}{A}x \tag{5-40}$$

修正函数 $\phi(x)$ 的傅里叶系数为

$$b'_m = \frac{1}{A}\int_{-A}^{A}\phi(x)\sin\left(\frac{m\pi x}{A}\right)dx = \frac{2KA}{x_p m^2 \pi^2}\sin\left(\frac{m\pi x_p}{A}\right) \tag{5-41}$$

b'_m 的值按 $\frac{1}{m^2}$ 的规律减小，减小速度大大加快。

对光滑软限幅器，类似可得修正函数的傅里叶系数为($A=K=1$)

$$b'_m = \frac{2}{m\pi} - \frac{2\pi m}{b^2 + m^2\pi^2}(1 - e^{-b}\cos m\pi)$$

傅里叶系数的详细求解见附录 A。

计算机程序对上式从 $m=1$ 到 $m=N=20$ 求和后，验证了式(5-40)的傅里叶级数表达式的收敛性。例如，在光滑软限幅器情况下不同项数的傅里叶级数展开趋于原函数的具体情况如图 5-5 所示。

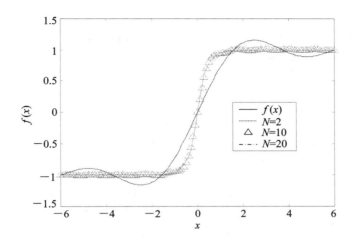

图 5-5　傅里叶级数收敛性图示

5.4.2　分段线性软限幅器和光滑软限幅器的输出互调频谱

下面对分段线性软限幅器和光滑软限幅器的输出互调进行数值计算。

对分段线性软限幅器，分三种情形(如表 5-1)进行计算。

表 5-1　分段软限幅器的参数和特点

情形	参　　数	特点
情形 1	$A=K=1$，$x_p=0.03$，$a_1=a_2=0.4$，$\alpha_p=0.04$	强非线性
情形 2	$A=K=1$，$x_p=0.22$，$a_1=a_2=0.4$，$\alpha_p=0.28$	中等非线性
情形 3	$A=K=1$，$x_p=0.55$，$a_1=a_2=0.4$，$\alpha_p=0.70$	弱非线性

上述情况的数值结果如图 5-6 所示。对光滑软限幅器，分三种情形(见表 5-2)计算，数值结果如图 5-7 所示。

表 5-2　光滑软限幅器的参数和特点

情形	参　　数	特点
情形 1	$A=K=1$，$b=15$，$x_s=0.15$，$a_1=a_2=0.4$，$\alpha_s=0.19$	强非线性
情形 2	$A=K=1$，$b=3$，$x_s=0.77$，$a_1=a_2=0.4$，$\alpha_s=0.96$	中等非线性
情形 3	$A=K=1$，$b=1$，$x_s=2.30$，$a_1=a_2=0.4$，$\alpha_s=2.88$	弱非线性

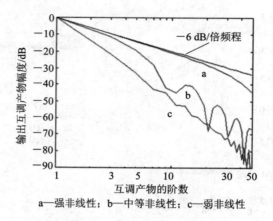

a—强非线性；b—中等非线性；c—弱非线性

图 5-6   分段线性软限幅器的数值结果

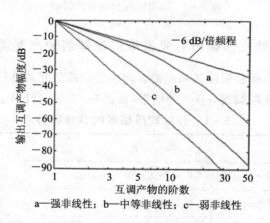

a—强非线性；b—中等非线性；c—弱非线性

图 5-7   光滑软限幅器的数值结果

5.4.3   结果讨论

对分段线性软限幅器，在严重非线性情况（情形 1）下，x_p 为 0.04（而对极端情况下的硬限幅器的 x_p 为 0）。由图 5-6 可以看出，对于 $n \leqslant 15$（n 为互调产物的阶数），互调产物的下降速率非常接近 -6 dB/倍频程；$n > 15$ 时，负斜率增长得很快；对于最后几项，n 取 $9 \sim 35$，负斜率大于 -12 dB/倍频程，这是硬限幅器负斜率的两倍。由此曲线可以得出以下两个结论：首先，对强非线性情形（$\alpha_p = 0.04$），低阶互调产物与硬限幅器的结果基本符合；其次，传递函数中的轻微柔和可使高阶互调产物的下降速率明显增加。情形 2（$\alpha_p = 0.28$）的曲线显示出振荡形状，这种波形的"尖角"情形在傅里叶分析中经常遇到。我们再次看到，传递函数的柔和会使高阶互调产物电平急剧下降。在情形 3($\alpha_p = 0.70$)中亦可得到类似的结果。注意，以上讨论中的情形 1、2、3 对应于图 5 - 6 和图 5 - 7 中的情形 a、b、c。

由光滑软限幅器的结果(图 5 - 7)可以看出，情形 1($\alpha_s = 0.19$)与硬限幅器情形有显著差别。互调产物的斜率远远大于 -6 dB/倍频程。可见，虽然 3 阶互调产物非常接近硬限幅器情形，但是高阶互调产物的情况明显不同。无论是情形 2($\alpha_s = 0.96$)还是情形 3($\alpha_s = 2.88$)，虽然其输入的峰值均没有切削，但是，由于传递函数的非线性形状，所以仍然存在互调产物。对这两种情形，互调电平都有预期的明显改善。

基于以上分析，可得出以下重要结论：

(1) 两个等幅载波通过硬限幅器时产生最高的互调电平。相对于输出载波的输出 3 阶互调电平是 -9.45 dB。随着阶数的增加，互调产物以 -6 dB/倍频程的速率下降。

(2) 传递函数的任何软化都可引起高阶互调电平的迅速下降。

(3) 高阶互调产物的下降行为本质上与传递函数的类型有关，并不一定总是随着阶数的增加而单调减小，有时也会出现振荡。

(4) 渐近约束可看做高阶互调电平的最坏情形的约束，但是实际电平值可能大大低于这个估算值。

5.5 互调频谱复杂性举例

由于存在许多互调产物，所以多载波情形下的互调频谱非常复杂。为了说明这一点，并激起我们对继续研究无源互调问题的兴趣，这里计算三载波(即输入信号由 3 个正弦信号组成)情形下的互调产物。我们以分段线性软限幅器(PLSL)的传递函数为例。首先假设两个相等的载波 f_1 和 f_2，将其设在与 $\alpha_p = 0.25$(对应于中等非线性情况)对应的电平处。现在引入第三个载波 f_3，假设 f_3 介于 f_1 和 f_2 之间，且 $\Delta f \ll f_2 - f_1$。f_3 相对 f_1 或 f_2 的电平为 -20 dB。f_1 和 f_2 的相互作用在 $jf_2 - (j-1)f_1(j \geqslant 1)$ 产生互调产物。设这些互调产物用 I_n 表示(n 是阶数)，在 I_n 附近，我们在每个 Δf 间距能够发现由于外加 f_3 产生的互调产物。因此，我们有 I_n 谱和以 Δf 为间隔的边带。根据式(5 - 36)计算出的输出频谱如图 5 - 8 所示。注意，这只是频谱的一部分，因为我们有意省略掉(f_1，f_2)之内的互调频谱。

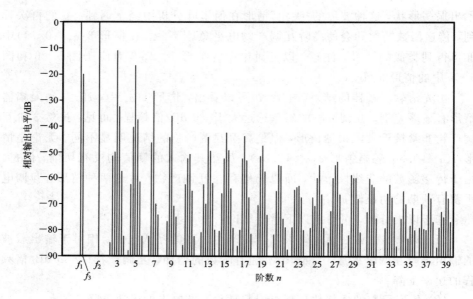

图 5-8　三载波情形的输出互调频谱

从图示频谱很容易看出多载波情形互调问题的复杂性。从发射频带到接收频带对这些谱线的直接枚举几乎是一件不可能的事，但是根据数论可以大大简化这个问题。

第六章
无源互调干扰对通信系统抗噪性能的影响

　　由于无源互调问题的复杂性，精确的数学分析和直接模拟是很困难的，但是引进适当假设进行数值模拟是可能的。本章利用合成干扰模型将 PIM 干扰问题简化为数学上容易处理的形式。该模型的主要思想包括：① 在输入载波频率附近考虑最低阶互调产物的影响；② 通过载波附近的频谱扩展，用随机相位的恒定包络载波表示通带带宽邻近的其他互调干扰；③ 在接收机噪声中考虑高斯白噪声的影响。采用合成干扰模型假设结合特征函数方法，对包括 PIM 干扰在内的总干扰的统计特性进行数学分析，进而以数值模拟无源互调对通信系统抗噪性能的影响，为通信系统的设计提供重要参考。

6.1　干扰统计量的数学方程

　　简单的 PIM 干扰模型如图 6-1 所示，其中多载波输入 $X(t)$ 首先通过一个非线性器件，在它的输出端产生了 PIM 产物和各阶谐波 $Y(t)$，再考虑高斯白噪声，并使它们通过一个中心频率为 ω_c 的窄带通滤波器。窄带通滤波器的输出 $Z(t)$ 是一个值得研究的干扰统计量。

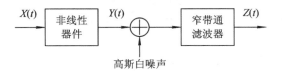

图 6-1　PIM 干扰的简化模型

假设非线性器件的传递函数可用幂级数表示，则

$$Y = a_1 X + a_2 X^2 + a_3 X^3 + \cdots \tag{6-1}$$

假定 $X(t)$ 由间隔为 $2B$ Hz 的两个载波组成：

$$X(t) = R_1(t)\cos[\omega_1 t + \theta_1(t)] + R_2(t)\cos[\omega_2 t + \theta_2(t)] \tag{6-2}$$

其中，R_1，R_2，θ_1，θ_2 分别是角频率为 ω_1 和 $\omega_2(\omega_2 = \omega_1 + 4\pi B)$ 的独立载波的包络

和相位。假设这两个已调制的载波均占 $2B$ Hz 的射频带宽($4\pi B \ll \omega_1$，ω_2），将式（6-2）代入式（6-1），就可在 $Y(t)$ 中获得各阶 PIM 及谐波。可能有许多 PIM 产物落入 ω_c（不失一般性，我们假设 $\omega_c > \omega_2$），但最低阶的 PIM 产物（如第 n 阶）特别重要，因为假如载波具有相近的幅度，则这个最低阶产物包含了大部分功率。现在让我们着重考虑这个最低阶的 PIM 产物。对于二载波情形，$\omega_c = (p+1)\omega_2 - p\omega_1$，这里，$n = 2p+1$（假设 n 为奇数）。进一步可以得出我们所感兴趣的互调频率 $(p+1)\omega_2 - p\omega_1$ 处 X^n 的表达式为

$$
X^n = \frac{n!}{2^{n-1}} \sum_{k=p}^{\frac{n-1}{2}} \frac{R_1^{2k-p} R_2^{n-2k+p}}{(k-p)!k!\left(\frac{n+1}{2}-k+p\right)!\left(\frac{n-1}{2}-k\right)!}
$$

$$
\cdot \cos\{(p+1)[\omega_2 t + \theta_2(t)] - p[\omega_1 t + \theta_1(t)]\}
$$

$$
= \left(\frac{1}{2}\right)^{n-1} \frac{(2p+1)}{p!(p+1)!} R_1^{p+1}(t) R_2^p(t) \cos\{\omega_c t + [(p+1)\theta_2(t) - p\theta_1(t)]\}
$$

$$\tag{6-3}$$

容易判定，第 n 阶 PIM 产物是由式（6-1）中的幂次大于或等于 n 的项产生的，可以表示为

$$
I(t) = a_n X^n + a_{n+2} X^{n+2} + a_{n+4} X^{n+4} + \cdots \tag{6-4}
$$

假如非线性是足够轻微的，则系数 $\{a_i\}(i \geqslant n)$ 会迅速减少，即 $|a_n| \gg |a_{n+1}|$。用这个假设，将式（6-3）代入式（6-4）且仅保留首项，得

$$
I_n(t) = a'_n R_1^p(t) R_2^{p+1}(t) \cos\{\omega_c t + [(p+1)\theta_2(t) - p\theta_1(t)]\} \tag{6-5}
$$

式中，

$$
a'_n = a_n \frac{(2p+1)!}{p!(p+1)!} \left(\frac{1}{2}\right)^{n-1}
$$

由于我们仅对 $I_n(t)$ 的统计特性感兴趣，所以可将 a'_n 归一化为 1。

如果 $\theta_1(t)$ 和 $\theta_2(t)$ 是具有单变量且在 $(0, 2\pi)$ 区间均匀分布的平稳过程，则 $I_n(t)$ 的相位也是 $(0, 2\pi)$ 区间分布的平稳过程。利用式（6-5）可以推出，假如 $X(t)$ 中的每个载波都有射频带宽 $2B$，则 $I_n(t)$ 的带宽基本上就是 $n(2B)$（n 表示 PIM 产物的阶数），且 $2nB \ll \omega_c$，这样式（6-5）可以写成

$$
I_n(t) = R_1^p(t) R_2^{p+1}(t) \cos[\omega_c t + \tilde{\theta}(t)]
$$

$$
= R_1^p(t) R_2^{p+1}(t)[\cos\tilde{\theta}(t)\cos\omega_c t - \sin\tilde{\theta}(t)\sin\omega_c t] \tag{6-6}
$$

如果窄带通滤波器对称于它的中心频率 ω_c，则它的冲激响应可表示为

$$
H(t) = h(t)\cos\omega_c t \tag{6-7}
$$

显而易见，由于 $I_n(t)$ 是窄带，所以由 $I_n(t)$ 产生的滤波器输出，即最低阶（n 阶）PIM 在滤波器输出端产生的干扰为

$$z_1(t) = \left[R_1^p(t)R_2^{p+1}(t)\cos\tilde{\theta}(t) * h(t)\right]\cos\omega_c t$$

$$- \left[R_1^p(t)R_2^{p+1}(t)\sin\tilde{\theta}(t) * h(t)\right]\sin\omega_c t \tag{6-8}$$

由于 $z_1(t)$ 的同相分量和正交分量是统计相关的，且其分布完全相同，又假设 $z_1(t)$ 是具有相干相位检测的 2PSK 信号的干扰，则仅需要考虑同相分量或正交分量。利用平稳性，在检测器的取样时刻，它的低通等效值可表示为

$$Z_1 = \left[R_1^p(t)R_2^{p+1}(t)\cos\tilde{\theta}(t) * h(t)\right]\big|_{t=0}$$

$$= \left[\left[\int_{-\infty}^{\infty} R_1^p(\tau)R_2^{p+1}(\tau)\cos\tilde{\theta}(\tau)h(t-\tau)\mathrm{d}\tau\right]\right]\big|_{t=0}$$

$$= \int_{-\infty}^{\infty} R_1^p(t)R_2^{p+1}(t)\cos\tilde{\theta}(t)h(-t)\mathrm{d}t$$

由于 $I_n(t)$ 的射频带宽是 $2nB$，上面方括号内的卷积项的单边带宽为 nB。利用采样定理，并假设 $h(t)$ 为简单矩形脉冲：

$$h(-t) = \begin{cases} 1 & 0 \leqslant t \leqslant 1/B \\ 0 & \text{其他} \end{cases}$$

因此

$$Z_1 = \int_0^{\frac{1}{B}} R_1^{p+1}(t)R_2^{p+1}(t)\cos\tilde{\theta}(t)\mathrm{d}t \tag{6-9}$$

令 $R(t) = R_1(t)R_2(t)\cos\tilde{\theta}(t)$，根据采样定理的时域表示，得

$$R(t) = \sum_{i=-\infty}^{\infty} R_1^p(iT_s)R_2^{p+1}(iT_s)\cos\tilde{\theta}(iT_s)\mathrm{Sa}\left[\omega_\mathrm{H}(t-iT_s)\right]$$

$$= \sum_{i=1}^{2n} R_1^p(iT_s)R_2^{p+1}(iT_s)\cos\tilde{\theta}(iT_s)\mathrm{Sa}\left[\omega_\mathrm{H}(t-iT_s)\right] \tag{6-10}$$

上式已考虑到 $I_n(t)$ 的射频带宽为 $2nB$，并且又采用了简化表示：

$$\mathrm{Sa}\left[\omega_\mathrm{H}(t-iT_s)\right] = \frac{\sin\left[\omega_\mathrm{H}(t-iT_s)\right]}{\omega_\mathrm{H}(t-iT_s)}$$

又

$$T_s = \frac{1}{f_s} = \frac{1}{2f_\mathrm{H}} = \frac{1}{2f_c} = \frac{1}{2nB} = \frac{1}{2W}$$

$$\omega_\mathrm{H} = \frac{2\pi}{T_\mathrm{H}} = \frac{2\pi}{B^{-1}} = 2\pi B$$

所以

$$R(t) = \sum_{i=1}^{2n} R_1^p\left(\frac{i}{2W}\right)R_2^{p+1}\left(\frac{i}{2W}\right)\cos\tilde{\theta}\left(\frac{i}{2W}\right)\mathrm{Sa}\left[\omega_\mathrm{H}\left(t-\frac{i}{2W}\right)\right]$$

故

$$Z_1 = \int_0^{\frac{1}{B}} \sum_{i=1}^{2n} R_1^p \left(\frac{i}{2W} \right) R_2^{p+1} \left(\frac{i}{2W} \right) \cos\tilde{\theta} \left(\frac{i}{2W} \right) \mathrm{Sa} \left[2\pi B \left(t - \frac{i}{2W} \right) \right] \mathrm{d}t$$

$$\approx \sum_{i=1}^{2n} R_1^p \left(\frac{t_i}{2W} \right) R_2^{p+1} \left(\frac{t_i}{2W} \right) \cos\tilde{\theta} \left(\frac{t_i}{2W} \right) \int_0^{\frac{1}{B}} \frac{\sin 2\pi B \left(t - \frac{1}{2B} \right)}{2\pi W \left(t - \frac{1}{2B} \right)} \mathrm{d}t$$

式中，$W = nB$，$n \gg 1$，$\frac{1}{2W}$ 间隔取样是独立的。由于积分是常数，可略去不计，故上式可写为

$$Z_1 = \sum_{i=1}^{2n} R_{1,i}^p R_{2,i}^{p+1} \cos\tilde{\theta}_i \qquad (6-11)$$

式中，$R_{1,i}$、$R_{2,i}$、θ_i 均为随机变量，分别表示 $R_1 \left(\frac{t_i}{2W} \right)$、$R_2 \left(\frac{t_i}{2W} \right)$ 和 $\theta_i \left(\frac{t_i}{2W} \right)$。这样，我们已经用 Z_1 在 ω_c 处近似滤出了最低阶 PIM，Z_1 是 $2n$ 个随机变量之和。

如前所述，可能有很多 PIM 落入频率 ω_c 附近。此外，一般由于 PIM 的频谱扩展，因而在通带带宽邻近的其他 PIM 也可能在 $\omega_c \pm 2\pi B$ 产生干扰，可将它们作为一个整体简化表示为

$$z_2(t) = r_0 \cos[\omega_c t + \varphi_2(t)] \qquad (6-12)$$

上式具有从最低阶 PIM 除外的所有其他 PIM 功率的平均值之和推导出的恒定振幅 r_0，假设它的功率谱在滤波器的带宽内是不变的；$\varphi_2(t)$ 是一个均匀分布在 $(0, 2\pi)$ 区间具有一阶概率密度的平稳随机过程。在取样时刻取其相应的低通等效值，则 $z_2(t)$ 变为

$$Z_2 = r_0 \cos\varphi \qquad (6-13)$$

最后将高斯白噪声加在滤波器的输入端，以对接收机噪声的影响建模。在取样时刻，滤波器的输出端是一个高斯随机变量，用 Z_3 表示。所有干扰模拟为三个独立的随机变量之和：

$$Z = Z_1 + Z_2 + Z_3 \qquad (6-14)$$

6.2 干扰统计量尾分布的解析表示

本节计算由下式定义的总干扰的尾分布：

$$Q(z) = P\{Z \geqslant z\} \qquad (6-15)$$

将式（6-11）、式（6-13）代入式（6-14），可得总干扰为

$$Z = \sum_{i=1}^{2n} R_{1,i}^p R_{2,i}^{p+1} \cos\tilde{\theta}_i + r_0 \cos\varphi + Z_3 \qquad (6-16)$$

为了分析上的方便，假设 $R_{1,i}$ 和 $R_{2,i}$ 是独立且相等的瑞利分布，$\tilde{\theta}_i$ 也是独立且相等并且在 $(0, 2\pi)$ 区间的均匀分布，$R_{1,i}$ 和 $R_{2,i}$ 的概率密度函数为

$$f(r_1) = \frac{r_1}{\alpha^2} \exp\left(-\frac{r_1^2}{2\alpha^2}\right), \quad r_1 \geqslant 0 \qquad (6-17)$$

式 $(6-16)$ 中的第二项表示 Z_2，其中 r_0 是常量，φ 是 $(0, 2\pi)$ 区间内均匀分布的随机过程，第三项 Z_3 是独立的期望为 0、方差为 σ_g^2 的正态分布 $N(0, \sigma_g^2)$。Z_2 和 Z_3 的概率密度函数分别是

$$f(r_2) = \frac{1}{\pi \sqrt{r_0^2 - r_2^2}}, \quad -r_0 < r_2 < r_0 \qquad (6-18)$$

$$f(r_3) = \frac{1}{\sqrt{2\pi}\sigma_g} \exp\left(-\frac{r_3^2}{2\sigma_g}\right), \quad -\infty < r_3 < \infty \qquad (6-19)$$

显然，Z 的均值为零，方差为

$$\sigma_Z^2 = \sigma_s^2 + \frac{r_0^2}{2} + \sigma_g^2 = 2n\left[2^{2p}(p+1)(p!)^2(\alpha^2)^n\right] + r^2 + \sigma_g^2 \qquad (6-20)$$

上式中第一项是式 $(6-16)$ 的求和项的方差；第二项是 $r_0 \cos\varphi$ 的方差；第三项是 Z_3 的方差。因为在非线性器件前的任何噪声的存在必然引起 R_1 和 R_2 的包络的波动，所以为了尽量接近实际情况，又不至于使数学处理过于复杂，我们假设 $R_{1,i}$ 和 $R_{2,i}$ 是独立的瑞利分布，通过使 Z_2 的方差大于 Z_1 的方差，以计及轻微的包络波动对 $Z_1 + Z_2$ 的影响。为此，需要定义如下参数：

$$\beta_1 = \frac{\mathrm{var}(Z_2)}{\mathrm{var}(Z_1)}, \quad \beta_2 = \frac{\mathrm{var}(Z_3)}{\mathrm{var}(Z_1 + Z_2)} \qquad (6-21)$$

式中，$\mathrm{var}(Z_i)(i=1, 2, 3)$ 表示 Z_i 的方差。

现在利用特征函数方法来推导 Z 的尾分布 $Q(z)$。设 $\varphi_1(u)$、$\varphi_2(u)$、$\varphi_3(u)$ 分别表示 Z_1、Z_2、Z_3 的特征函数。根据特征函数的定义，Z_1 的特征函数可用下面的形式表示：

$$\begin{aligned}
\varphi_1(u) &= \left\{ \iiint \exp(ju v_1^p v_2^{p+1} \cos v_3) p(v_1) p(v_2) p(v_3) \mathrm{d}v_1 \mathrm{d}v_2 \mathrm{d}v_3 \right\}^{2n} \\
&= \left\{ \int_0^\infty \mathrm{d}v_1 \int_0^\infty \mathrm{d}v_2 \int_0^{2\pi} \mathrm{d}v_3 \exp(ju v_1^p v_2^{p+1} \cos v_3) \right. \\
&\quad \left. \cdot \left(\frac{v_1}{\alpha^2}\right)\left(\frac{v_2}{\alpha^2}\right) \exp\left[\frac{-(v_1^2 + v_2^2)}{2\alpha^2}\right] (2\pi)^{-1} \right\}^{2n}
\end{aligned}$$

式中用了 $f(v_3) = \dfrac{1}{2\pi}$，是均匀分布的概率密度函数。为了对此式做近似计算，我们首先对 v_3 积分，然后令 $v_1 = Q \cos\psi$，$v_2 = Q \sin\psi$，即进行极坐标变换，得

$$\varphi_1(u) = \left\{ \frac{1}{\alpha^4} \int_0^\infty dQ \int_0^{\frac{\pi}{2}} d\psi \exp\left[\frac{-Q^2}{2\alpha^2}\right] \cdot \cos\psi \sin\psi J_0 \left(uQ^n \cos^p\psi \sin^{p+1}\psi\right) \right\}^{2n}$$

$$\approx \left\{ 1 - \exp\left[\frac{-2.25u^{-2/p}}{2\alpha^2}\right] \cdot \left[1 + \frac{2.25u^{-2/p}}{2\alpha^2}\right] \right\}^{2n} \tag{6-22}$$

Z_2 和 Z_3 的特征函数可分别计算如下：

$$\varphi_2(u) = \int_{-\infty}^{\infty} f(r_2) \exp(jur_2) dr_2 = \frac{1}{\pi} \int_{-r_0}^{r_0} \frac{1}{\pi \sqrt{r_0^2 - r_2^2}} \exp(jur_2) dr_2$$

$$= \frac{1}{\pi} \int_{-\frac{\pi}{2}}^{\frac{\pi}{2}} \exp(jur_0 \sin\theta) d\theta = \frac{1}{2\pi} \int_{-\pi}^{\pi} \exp(jur_0 \sin\theta) d\theta$$

$$= J_0(ur_0) = J_0\left(u \sqrt{2\beta_1 \sigma_s^2}\right) \tag{6-23}$$

式中，$J_0(ur_0) = \dfrac{1}{2\pi} \displaystyle\int_{-\pi}^{\pi} \exp(jur_0 \sin\theta) d\theta$ 为零阶贝塞尔函数。

$$\varphi_3(u) = \int_{-\infty}^{\infty} f(r_3) \exp(jur_3) dr_3$$

$$= \int_{-\infty}^{\infty} \frac{1}{\sqrt{2\pi}\sigma_g} \exp\left(-\frac{r_3^2}{2\sigma_g} + jur_3\right) dr_3 = \exp\left(-\frac{1}{2}\sigma_g^2 u^2\right)$$

即

$$\varphi_3(u) = \exp\left(-\frac{1}{2}\sigma_g^2 u^2\right) \tag{6-24}$$

总干扰的特征函数可表示为

$$\varphi(u) = \varphi_1(u)\varphi_2(u)\varphi_3(u) \tag{6-25}$$

Z 的概率密度函数 $f(r)$ 可由对上式进行反变换得出：

$$f(r) = \frac{1}{2\pi} \int_{-\infty}^{\infty} \varphi(u) \exp(-jur) du \tag{6-26}$$

最后可得 Z 的尾分布 $Q(z)$ 为（见参考附录 B）

$$Q(z) = \int_z^\infty f(r) dr = \frac{1}{2} - \frac{1}{\pi} \int_0^\infty \varphi(u) \frac{\sin uz}{u} du \tag{6-27}$$

由式(6-27)所绘制的干扰统计量的尾分布曲线如图 6-2 和图 6-3 所示。为了与高斯分布 $N(0,1)$ 的统计值（高斯分布的尾分布的解析表示式见附录 C）比较，Z 的方差归一化为 1。图 6-2 表明 $\beta_1 = \beta_2 = 0$（即恒定包络干扰和高斯干扰均为零）的情况，这时 Z_1 包含了所有功率，从图中可以清楚地看到，$Q(z)$ 与高斯图形相差甚远；图 6-3 表明 $\beta_1 > 0$，$\beta_2 > 0$（即恒定包络干扰和高斯干扰均不为零）的情况，在这种情况下，为了使 $Q(z)$ 充分地逼近高斯曲线，图 6-3 中的 β_2 必须足够大，即高斯噪声的强度远大于其他噪声的强度。

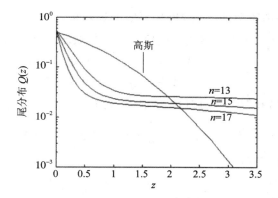

图 6-2　仅由最低阶 PIM 产物组成的干扰的尾分布图

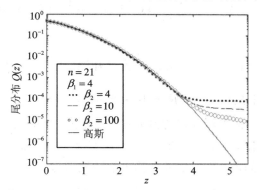

图 6-3　由最低阶 PIM 产物、恒定包络干扰和高斯噪声组成的总干扰的尾分布图

6.3　实　例　分　析

　　本节将讨论考虑 PIM 干扰后的总干扰统计量，对具有相干相位检测的二进制移相键控（2PSK）系统和四进制移相键控（QPSK）系统的抗噪性能的影响。设系统的带通滤波器输出端的信号幅度为 A，噪声功率（即总干扰的方差）用 σ_n^2 表示，约定下面各种情况下的 σ_n^2 均归一化为 1，则带通滤波器输出端的信噪比可表示为

$$S_N = \frac{A^2}{2\sigma_n^2} = \frac{A^2}{2}$$

即

$$A = \sqrt{2S_N}$$

下面分三种情况计算系统的误码率 p_e。

1. 仅考虑高斯噪声情况下 2PSK 系统的误码率

在这种情况下，一个信号码元持续时间内带通滤波器输出端的波形为

$$x(t) = \begin{cases} A + Z_3(t) & \text{发送"1"时} \\ -A + Z_3(t) & \text{发送"0"时} \end{cases}$$

设发送"1"码和"0"码的概率分别为 $p(1)$ 和 $p(0)$，且等概率传输，即 $p(0) = p(1) = \dfrac{1}{2}$，又设 $p\left(\dfrac{0}{1}\right)$ 和 $p\left(\dfrac{1}{0}\right)$ 为发"0"收"1"和发"1"收"0"的错误概率，则系统的误码率为

$$p_{eZ} = p(0)p\left(\frac{1}{0}\right) + p(1)p\left(\frac{0}{1}\right) = \frac{1}{2}p\left(\frac{0}{1}\right) + \frac{1}{2}p\left(\frac{1}{0}\right)$$

$$= \frac{1}{2}\int_{-\infty}^{0} f(x-A)\mathrm{d}x + \frac{1}{2}\int_{0}^{\infty} f(x+A) = \int_{A}^{\infty} f(r)\mathrm{d}r = \frac{1}{2}\mathrm{erfc}(\sqrt{S_N})$$

$$(6-28)$$

式中，$f(r) = \dfrac{1}{\sqrt{2\pi}}\exp\left(-\dfrac{r^2}{2}\right)$，$\mathrm{erfc}(x)$ 为互补误差函数（见附录 C）。

2. 考虑 PIM 干扰后 2PSK 情况下系统的误码率

在这种情况下，输出端存在均值为零、方差为 σ_Z^2（由式（6-20）给出，为了与第一种情况进行比较，σ_Z^2 归一化为 1）的总干扰 $Z(Z = Z_1 + Z_2 + Z_3)$，则在一个信号码元持续时间内，带通滤波器输出端的波形为

$$x(t) = \begin{cases} A + Z_1(t) + Z_2(t) + Z_3(t) & \text{发送"1"时} \\ -A + Z_1(t) + Z_2(t) + Z_3(t) & \text{发送"0"时} \end{cases}$$

则等概率传输时系统的误码率为

$$p_{eZ} = p(0)p\left(\frac{1}{0}\right) + p(1)p\left(\frac{0}{1}\right) = \frac{1}{2}p\left(\frac{0}{1}\right) + \frac{1}{2}p\left(\frac{1}{0}\right)$$

$$= \frac{1}{2}\int_{-\infty}^{0} f(x-A)\mathrm{d}x + \frac{1}{2}\int_{0}^{\infty} f(x+A)$$

$$= \int_{A}^{\infty} f(r)\mathrm{d}r = Q(z)\big|_{z=A} = Q(z)\big|_{z=\sqrt{S_N}}$$

$$(6-29)$$

式中，$f(r)$ 和 $Q(z)$ 分别由式（6-26）和式（6-27）给出。

3. QPSK 情况下系统的误码率

类似分析可以得出，仅考虑高斯噪声情况下 QPSK 系统的误码率为

$$p_{eZ} = 1 - \left[1 - \frac{1}{2}\mathrm{erfc}\left(\sqrt{\frac{S_N}{2}}\right)\right]^2$$

$$(6-30)$$

由于

$$\frac{1}{2}\mathrm{erfc}\left(\sqrt{\frac{S_N}{2}}\right) = \frac{1}{\sqrt{2\pi}}\int_{\sqrt{S_N/2}}^{\infty} \mathrm{e}^{-\frac{t^2}{2}}\,\mathrm{d}t = Q\left(\sqrt{S_N}\right)$$

为高斯尾分布。考虑 PIM 噪声后，用式（6 - 27）计算的 $Q(z)$ 代替高斯尾分布，可得 QPSK 系统的误码率为

$$p_{eZ} = 1 - \left[1 - Q(z)\big|_{z=\sqrt{S_N}}\right]^2 \tag{6 - 31}$$

根据式（6 - 28）至式（6 - 31）所绘制的误码率与信噪比之间的关系曲线如图 6 - 4 和图 6 - 5 所示（图中设 $n=21$，$\beta_1=\beta_2=4$）。由图中可以看出，在低误码率情况下，考虑了 PIM 干扰后的误码率曲线与只考虑高斯噪声情况下的误码率曲线存在很大的区别，所以在低误码率情况下用高斯假设会产生错误的结果。因此，在进行低误码率通信系统设计时，不能轻易地使用高斯假设，必须考虑无源互调干扰的影响。

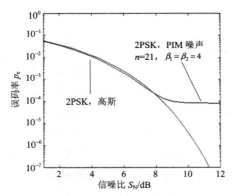

图 6 - 4　PIM 干扰对 2PSK 系统的近似影响

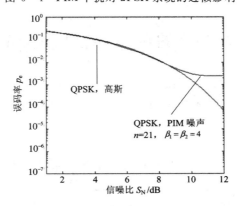

图 6 - 5　PIM 干扰对 QPSK 系统的近似影响

第七章
无源互调的幅度和功率电平的预测

无源互调的功率电平较低，且随着阶次的增大而迅速减小，但足以破坏系统的正常工作。特别是高阶 PIM 的功率电平非常低，要想测量相当困难。因此，对 PIM 功率电平进行有效的预测具有非常重要的意义。利用相对容易测量的低阶 PIM 电平的测量结果预测高阶 PIM 电平，成为我们关注的重要课题之一。由于无源互调问题的复杂性，所以很难建立大功率电路模型，无法使用非线性电路模型，因而无法使用非线性电路的某些分析方法，但可通过单个传递函数模拟整个非线性过程，采用输入输出法分析，具体的求解方法主要有幂级数法、伏特拉级数法、函数拟合法等。幂级数法具有使用简单、计算速度快、容易实现等优点。本章首先采用幂级数法，推导由低阶无源互调测量值预测高阶互调（特别是奇次互调）幅度和功率的多项式表达式和相应的矩阵表达式，编程实现用 3 阶无源互调的测量值预测 5 阶无源互调的功率，并与实验值进行比较，初步证实这种方法的正确性和有效性。其次，介绍函数拟合法，提出双指数模型结合遗传算法对无源互调功率电平的预测方法并与幂级数法进行比较，证明其优越性。最后，对发送到负载上的互调功率以及 3 阶互调功率随发射载波功率之比的变化规律进行讨论。

7.1 基于幂级数法的奇次 PIM 幅度的多项式表示

无源器件组成的非线性系统模型如图 7-1 所示。由于无源器件的非线性特性，其电压电流关系并不服从欧姆定律，其电压传递函数可用幂级数表示如下：

$$Y = a_1 X + a_2 X^2 + a_3 X^3 + \cdots + a_n X^n + \cdots \quad (7-1)$$

式中，X 为输入电压信号，Y 为输出电压信号。如果输入只包含单频正弦波，那么输出除了产生谐波之外，还会出现互调产物。在实际应用中，为了简化分析过程而又不失一般性，通常采用两个输入信号来产生互调的方法。由于无源互调问题的复杂性和特殊性，很难用实验的方法测出微弱的输入输出特性，所以不能用预测有源互调中常用的单载波测量数据拟合输入输出曲线，然后将双载波代入得到互调产物的方法，而是采用理论与实验相结合的方法，分析测量得到的低阶互调（如 3 阶互调）的有关信息，对高阶互调进行预测。

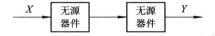

图 7-1 无源器件组成的非线性系统

设输入信号为两个频率不同的正弦信号之和：

$$E = V_1 \exp(\mathrm{j}\omega_1 t) + V_2 \exp(\mathrm{j}\omega_2 t)$$

其实部为

$$
\begin{aligned}
X &= V_1 \cos\omega_1 t + V_2 \cos\omega_2 t \\
&= \frac{1}{2} V_1 [\exp(\mathrm{j}\omega_1 t) + \exp(-\mathrm{j}\omega_1 t)] + \frac{1}{2} V_2 [\exp(\mathrm{j}\omega_2 t) + \exp(-\mathrm{j}\omega_2 t)] \\
&= \frac{1}{2} [V_1 \exp(\mathrm{j}\omega_1 t) + V_2 \exp(\mathrm{j}\omega_2 t)] + \frac{1}{2} [V_1 \exp(-\mathrm{j}\omega_1 t) + V_2 \exp(-\mathrm{j}\omega_2 t)] \\
&= \frac{1}{2} (E + E^*)
\end{aligned}
\tag{7-2}
$$

式中，E^* 为 E 的共轭。利用二项式定理，将上式两边同取 n 次幂，得

$$X^n = \frac{1}{2^n} (E + E^*)^n = \frac{1}{2^n} \sum_{i=0}^{n} \frac{n!}{i!(n-i)!} E^{n-i} (E^*)^i \tag{7-3}$$

如果只考虑奇次 PIM 产物，那么根据二项式展开的对称性，只需考虑奇次项。由于式（7-2）的求和中的后半部分是前半部分的复共轭，因此，式（7-3）可进一步写成

$$X^n = \frac{1}{2^n} \left[2\mathrm{Re} \sum_{i=0}^{\frac{n-1}{2}} \frac{n!}{i!(n-i)!} E^{n-i} (E^*)^i \right] \tag{7-4}$$

继续对 E^{n-i} 和 $(E^*)^n$ 进行二项式展开，整理后得

$$
\begin{aligned}
X^n = \frac{n!}{2^{n-1}} & \sum_{i=0}^{\frac{n-1}{2}} \sum_{j=0}^{n-i} \sum_{k=0}^{i} \frac{V_1^{n-j-k} V_2^{j+k}}{j!k!(n-i-j)!(i-k)!} \\
& \cdot \cos[(n-2i-j+k)\omega_1 + (j-k)\omega_2]t
\end{aligned}
\tag{7-5}
$$

由于双载波输入时非线性器件产生的互调角频率具有下列形式：

$$\omega_{\mathrm{IM}} = |q\omega_1 - p\omega_2| \tag{7-6}$$

式中，q 和 p 为正整数或负整数。考虑在实际中我们通常对靠近输入载波的频率更感兴趣，这时有 $|q-p|=1$，因此

$$\omega_{\mathrm{IM}} = (p+1)\omega_1 - p\omega_2 \tag{7-7}$$

假设 $\omega_2 > \omega_1$，则 p 为正值时，$\omega_{IM} < \omega_1$；p 为负值时，$\omega_{IM} > \omega_2$。比较式(7-5)右端括号内的量和式(7-7)，得

$$n - 2i - j + k = p + 1 \qquad (7-8)$$

$$j - k = -p \qquad (7-9)$$

解式(7-8)和式(7-9)，得

$$i = \frac{n-1}{2} \qquad (7-10)$$

$$j = k - p \qquad (7-11)$$

令 p 为正数，将式(7-10)式(7-11)代入式(7-5)，得

$$X^n = \frac{n!}{2^{n-1}} \sum_{k=p}^{\frac{n-1}{2}} \frac{V_1^{n-2k+p} V_2^{2k-p}}{(k-p)! k! \left(\frac{n+1}{2} - k + p\right)! \left(\frac{n-1}{2} - k\right)!}$$

$$\cdot \cos\left[(p+1)\omega_1 - p\omega_2\right]t \qquad (7-12)$$

式中，p 的变化范围可以从 0 到 $\frac{(n-1)}{2}$，PIM 产物的阶数可以由下式计算：

$$C = |2p+1|$$

在式(7-12)中只考虑 $n \geqslant 3$ 的奇数，再考虑式(7-12)，可得 $2p+1$ 阶互调的幅度为

$$A_{IM} = \sum_{n=3(n \text{为奇数})}^{\infty} a_n \frac{n!}{2^{n-1}} \sum_{k=p}^{\frac{n-1}{2}} \frac{V_1^{n-2k+p} V_2^{2k-p}}{(k-p)! k! \left(\frac{n+1}{2} - k + p\right)! \left(\frac{n-1}{2} - k\right)!}$$

令 $n = 2l+1$，$k = m+1$，上式变为

$$A_{IM} = \sum_{l=1}^{\infty} a_{2l+1} \frac{(2l+1)!}{2^{2l}} \sum_{m=p-1}^{l-1} \frac{V_1^{2l-2m+p-1} V_2^{2m-p+2}}{(m+1-p)! (m+1)! (l-m+p)! (l-m-1)!}$$

$$\qquad (7-13)$$

式(7-13)就是频率为 $(p+1)f_1 - pf_2$ 处的 $2p+1$ 阶互调的幅度的一般表示式。根据 PIM 产物的对称性，在频率为 $(p+1)f_2 - pf_1$ 处的 $2p+1$ 阶互调的幅度表示式可由式(7-13)中 V 的上标交换得到。上式中令 $p=1$，$2p+1=3$，可求得频率为 $2f_1 - f_2$ 的 3 阶 PIM 产物的幅度为

$$A_{IM3} = \frac{3}{4} a_3 V_1^2 V_2 + a_5 \left(\frac{5}{4} V_1^4 V_2 + \frac{15}{8} V_1^2 V_2^3\right) + a_7 \left(\frac{105}{64} V_1^6 V_2 + \frac{105}{16} V_1^4 V_2^3 + \frac{105}{32} V_1^2 V_2^5\right)$$

$$+ \cdots + a_{2l+1} \frac{1}{2^{2l}} \sum_{m=0}^{l-1} \frac{(2l+1)!}{m!(m+1)!(l-m+1)!(l-m-1)!} V_1^{2(l-m)} V_2^{2m+1} + \cdots$$

$$\qquad (7-14)$$

对于频率为 $2f_2 - f_1$ 的 3 阶 PIM 产物的幅度，只需将上式中 V 的上标交换即可：

$$A_{\text{IM3}} = \frac{3}{4}a_3 V_1 V_2^2 + a_5 \left(\frac{5}{4} V_1 V_2^4 + \frac{15}{8} V_1^3 V_2^2 \right) + a_7 \left(\frac{105}{64} V_1 V_2^6 + \frac{105}{16} V_1^3 V_2^4 + \frac{105}{32} V_1^5 V_2^2 \right)$$

$$+ \cdots + a_{2l+1} \frac{1}{2^{2l}} \sum_{m=0}^{l-1} \frac{(2l+1)!}{m!(m+1)!(l-m+1)!(l-m-1)!} V_1^{2m+1} V_2^{2(l-m)} + \cdots$$

$$(7-15)$$

对于频率为 $3f_1 - 2f_2$ 的 5 阶 PIM 产物，$2p+1 = 5$，$p = 2$，由式 (7-13) 可以得出该处 5 阶 PIM 的幅度表示式为

$$A_{\text{IM5}} = \frac{5}{8}a_5 V_1^3 V_2^2 + a_7 \left(\frac{105}{64} V_1^5 V_2^2 + \frac{35}{16} V_1^3 V_2^4 \right) + \cdots$$

$$+ a_{2l+1} \frac{1}{2^{2l}} \sum_{m=0}^{l-1} \frac{(2l+1)!}{m!(m+1)!(l-m+1)!(l-m-1)!} V_1^{2(l-m)} V_2^{2m+1} + \cdots$$

类似地，要想得到 $3f_2 - 2f_1$ 处的 5 阶互调产物的幅度表示式，仅需将上式中 V 的上标互换一下即可。

7.2　互调幅度预测的矩阵表示

为了表示方便又不失一般性，假设两个输入谐波的幅度相等，即 $V_1 = V_2 = A_0$。根据式 (7-13)，并进行适当的符号替换，可得频率为 $(m+1)f_1 - mf_2$ 和 $(m+1)f_2 - mf_1$ 处的互调产物幅度：

$$D_{2m+1} = \sum_{n=m}^{\infty} a_{2n+1} \frac{\left[(2n+1)! \right]^2}{2^{2n} n!(n+1)!(n-m)!(n+m+1)!} A_0^{2n+1} \qquad m = 1, 2, 3, \cdots$$

$$(7-16)$$

在基本频率 f_1 和 f_2 处输出信号的幅度为 $D_1 (m=0)$，即

$$D_1 = \sum_{n=0}^{\infty} a_{2n+1} \frac{\left[(2n+1)! \right]^2}{2^{2n} n!^2 (n+1)!^2} A_0^{2n+1}$$

由式 (7-16) 可以看出，互调幅度和非线性多项式表示的系数之间具有线性关系，将这种关系表示成矩阵形式更富有指导性。定义列向量 $\boldsymbol{D}$ 为互调幅度向量，其元素表示各阶互调的幅度值。

$$\boldsymbol{D} = (D_1, D_3, \cdots, D_{2m+1}, \cdots) \tag{7-17}$$

定义另一个列向量 $\boldsymbol{B}$，其元素与非线性的多项式表示的系数有关。

$$\boldsymbol{B} = (B_1, B_3, \cdots, B_{2m+1}, \cdots) \tag{7-18}$$

这里，B_{2m+1} 由下式表示：

$$B_{2m+1} = a_{2m+1} A_0^{2m+1} \qquad (7-19)$$

这样，式(7-17)的矩阵形式为

$$\boldsymbol{D} = \boldsymbol{M} \cdot \boldsymbol{B} \qquad (7-20)$$

这里，$\boldsymbol{M}$ 是三角矩阵：

$$\boldsymbol{M} = \begin{bmatrix} 1 & \dfrac{9}{4} & \dfrac{25}{4} & \dfrac{1225}{64} & \cdots \\ 0 & \dfrac{3}{4} & \dfrac{25}{8} & \dfrac{735}{64} & \cdots \\ 0 & 0 & \dfrac{5}{8} & \dfrac{245}{64} & \cdots \\ 0 & 0 & 0 & \dfrac{35}{64} & \cdots \\ \vdots & \vdots & \vdots & \vdots & \vdots \end{bmatrix} \qquad (7-21)$$

由式(7-20)、式(7-21)可得两个等幅非调制载波通过非线性器件后输出载波的幅度为

$$D_{\text{IM1}} = B_1 + \frac{9}{4} B_3 + \frac{25}{4} B_5 + \frac{1225}{64} B_7$$

$$= a_1 A_0 + \frac{9}{4} a_3 A_0^3 + \frac{25}{4} a_5 A_0^5 + \frac{1225}{64} a_7 A_0^7 + \cdots \qquad (7-22)$$

该项为非互调项，是输出信号在基频 f_1 和 f_2 处的幅度。

从第二个向量开始是各奇数阶互调的幅度。比如，3 阶和 5 阶互调的幅度为

$$D_{\text{IM3}} = \frac{3}{4} B_3 + \frac{25}{8} B_5 + \frac{735}{64} B_7 + \cdots$$

$$= \frac{3}{4} a_3 A_0^3 + \frac{25}{8} a_5 A_0^5 + \frac{735}{64} a_7 A_0^7 + \cdots$$

$$= \frac{3}{4} a_3 P_i^{\frac{3}{2}} + \frac{25}{8} a_5 P_i^{\frac{5}{2}} + \frac{735}{64} a_7 P_i^{\frac{7}{2}} + \cdots \qquad (7-23)$$

$$D_{\text{IM5}} = \frac{5}{8} B_5 + \frac{245}{64} B_7 + \cdots$$

$$= \frac{5}{8} a_5 A_0^5 + \frac{245}{64} a_7 A_0^7 + \cdots$$

$$= \frac{5}{8} a_5 P_i^{\frac{5}{2}} + \frac{245}{64} a_7 P_i^{\frac{7}{2}} + \cdots \qquad (7-24)$$

因为实际测量中使用的是频谱仪，测量值是功率，所以必须将电压幅度和功率之间进行相互转换。因此，输出的 3 阶和 5 阶 PIM 功率电平应满足下列表达式：

$$P_{\mathrm{IM3}} = \left(\frac{3}{4}a_3 P_i^{\frac{3}{2}} + \frac{25}{8}a_5 P_i^{\frac{5}{2}} + \frac{735}{64}a_7 P_i^{\frac{7}{2}} + \cdots \right)^2 \qquad (7-25)$$

$$P_{\mathrm{IM5}} = \left(\frac{5}{8}a_5 P_i^{\frac{5}{2}} + \frac{245}{64}a_7 P_i^{\frac{7}{2}} + \cdots \right)^2 \qquad (7-26)$$

由以上两式可以看出，如果能根据 3 阶测量值由式(7-25)计算出非线性系数 a_3，a_5，a_7，…，就可以由式(7-26)预测 5 阶互调的功率电平。

对于弱的非线性，幂级数展开式的系数之间满足 $|a_n| \gg |a_{n+1}|$，因此，欲计算某一阶的互调产物，只要取到比本阶高一次的谐波影响，就可以较为准确地表达本阶互调，而且这样可以大大简化计算过程。根据以上讨论，假如我们现在要计算 5 阶互调产物的幅度，仅需取到七次谐波的影响。这时，非线性传递函数可以表示为

$$Y = a_3 X^3 + a_5 X^5 + a_7 X^7$$

根据上面的讨论，输出 3 阶 PIM 产物的功率应满足下式：

$$P_{\mathrm{IM3}}^{\frac{1}{2}} = \frac{3}{4}a_3 P^{\frac{3}{2}} + \frac{25}{8}a_5 P^{\frac{5}{2}} + \frac{735}{64}a_7 P^{\frac{7}{2}} \qquad (7-27)$$

测量一组(P，P_{IM3})的值，用最小二乘法，就可计算出 a_1，a_2，a_3 的值，代入下式就可计算出 5 阶互调的功率为

$$P_{\mathrm{IM5}} = \left(\frac{5}{8}a_5 P^{\frac{5}{2}} + \frac{245}{64}a_7 P^{\frac{7}{2}} \right)^2 \qquad (7-28)$$

利用这种思路和方法，原则上可以预测任意高阶互调产物的功率。

由于 PIM 问题的特殊性和复杂性，对其测量设备的要求较高，所以精确测量 PIM 幅度是相当困难的。由于实验条件所限，我们不能进行实际测量。为了对以上理论进行验证，我们引入美国福特航空与宇宙航行公司训练讲座中对通信卫星天线的无源互调进行测量所得的一组数据进行预测。预测结果和实验数据比较见表 7-1 和图 7-2。

表 7-1　通信卫星天线的 PIM 预测结果与实验数据的比较

输入信号功率 /dBm	3 阶互调功率 （实测）/dBm	5 阶互调功率 （实测）/dBm	5 阶互调功率 （计算）/dBm
46	−95	−138	−127.5
50	−85	−124	−109.8
53	−77	−110	−103.5
56	−70	−100	−90.6

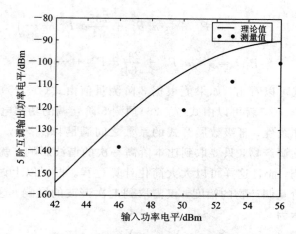

图 7-2 通信卫星天线无源互调功率理论值与实验值的比较

由计算结果与测量数据比较可以看出，虽然存在一定的误差，但仍可认为预测结果与测量数据基本吻合，在 -100 dBm~-130 dBm 数量级上有 10 dBm 左右的误差，工程上可以接受。误差产生的原因可能由测量误差和理论误差两方面造成的：

(1) 由于 PIM 产物的电平较低，同时高阶谐波的影响在低阶互调中所占的比例较小，所以一般情况下认为比较小的测量误差在这里的影响就比较大了。另外，PIM 受环境的影响比较敏感，因此，诸如温度的变化、输入功率的微小变化、器件的微小振动等均会影响互调产物的功率电平。因此，对测量误差的要求是比较高的。

(2) 在互调理论方面，从幂级数的公式中知道，当省略掉七次以上谐波的影响时，不可避免地会产生一定误差。另外，在计算互调时，只考虑了两个载波产生的互调产物，而未考虑一个载波和一个 3 阶互调产物产生的 5 阶互调产物与两个载波产生的 5 阶互调产物在频率上是重合的这一事实，也会引起一些误差。

7.3 双指数模型结合遗传算法的无源互调功率电平预测

7.3.1 双指数模型预测的解析表示

假设输入输出传输关系为

$$V_{out} = V_0 \left\{ \exp\left(\frac{V_{in}}{b_1}\right) - \exp\left(\frac{V_{in}}{b_2}\right) \right\} \tag{7-29}$$

式中，$b_1 = 0.9 b_2$，$V_{in} = \sum_{n=1}^{N} V_n \cos 2\pi f_n t$，$V_{in}$ 和 V_{out} 分别为输入电压和输出电压。

当输入两个正弦信号时，

$$V_{in} = V_1 \cos 2\pi f_1 t + V_2 \cos 2\pi f_2 t \tag{7-30}$$

将式(7-30)代入式(7-29)，并使用下列展开式：

$$e^{z \cos\theta} = I_0(z) + 2\sum_{k=1}^{\infty} I_k(z) \cos k\theta \tag{7-31}$$

$$e^{-z \cos\theta} = I_0(z) + 2\sum_{k=1}^{\infty} (-1)^k I_k(z) \cos k\theta \tag{7-32}$$

式中，$I_k(z)$ 是修正的第一类贝塞尔函数。整理，得

$$
\begin{aligned}
V_{out} =& V_0 \left(\left[\prod_{n=1}^{2} \left\{ I_0\left(\frac{V_n}{b_1}\right) + 2\sum_{k=1}^{\infty} I_k\left(\frac{V_n}{b_1}\right) \cos k 2\pi f_n t \right\} \right] \right. \\
& - \left. \left[\prod_{k=1}^{2} \left\{ I_0\left(\frac{V_n}{b_2}\right) + 2\sum_{k=1}^{\infty} I_k\left(\frac{V_n}{b_2}\right) \cos k 2\pi f_n t \right\} \right] \right) \\
=& V_0 \left\{ \left[I_0\left(\frac{V_1}{b_1}\right) + 2\sum_{k=1}^{\infty} I_k\left(\frac{V_1}{b_1}\right) \cos k 2\pi f_1 t \right] \cdot \left[I_0\left(\frac{V_2}{b_1}\right) + 2\sum_{k=1}^{\infty} I_k\left(\frac{V_2}{b_1}\right) \cos k 2\pi f_2 t \right] \right. \\
& - \left. \left[I_0\left(\frac{V_1}{b_2}\right) + 2\sum_{k=1}^{\infty} I_k\left(\frac{V_1}{b_2}\right) \cos k 2\pi f_1 t \right] \cdot \left[I_0\left(\frac{V_2}{b_2}\right) + 2\sum_{k=1}^{\infty} I_k\left(\frac{V_2}{b_2}\right) \cos k 2\pi f_2 t \right] \right\}
\end{aligned}
\tag{7-33}
$$

频率为 $2f_1 \pm f_2$ 时的输出电压为

$$V_{IM3} = 2V_0 \left[I_2\left(\frac{V_1}{b_1}\right) I_1\left(\frac{V_2}{b_1}\right) - I_2\left(\frac{V_1}{b_2}\right) I_1\left(\frac{V_2}{b_2}\right) \right] \tag{7-34}$$

将此式变为输入输出功率之间的关系，得

$$P_{IM3} = \left\{ 2V_0 \left[I_2\left(\frac{P_1^{\frac{1}{2}}}{b_1}\right) I_1\left(\frac{P_2^{\frac{1}{2}}}{b_1}\right) - I_2\left(\frac{P_1^{\frac{1}{2}}}{b_2}\right) I_1\left(\frac{P_2^{\frac{1}{2}}}{b_2}\right) \right] \right\}^2 \tag{7-35}$$

令 $4V_0^2 = A$，上式可表示为

$$P_{IM3} = A \left[I_2\left(\frac{P_1^{\frac{1}{2}}}{b_1}\right) I_1\left(\frac{P_2^{\frac{1}{2}}}{b_1}\right) - I_2\left(\frac{P_1^{\frac{1}{2}}}{b_2}\right) I_1\left(\frac{P_2^{\frac{1}{2}}}{b_2}\right) \right]^2 \tag{7-36}$$

同理可得频率 $3f_1 \pm 2f_2$ 处的 5 阶互调输出功率为

$$V_{IM5} = 2V_0 \left[I_3\left(\frac{V_1}{b_1}\right) I_2\left(\frac{V_2}{b_1}\right) - I_3\left(\frac{V_1}{b_2}\right) I_2\left(\frac{V_2}{b_2}\right) \right] \tag{7-37}$$

$$P_{IM5} = A \left[I_3\left(\frac{P_1^{\frac{1}{2}}}{b_1}\right) I_2\left(\frac{P_2^{\frac{1}{2}}}{b_1}\right) - I_3\left(\frac{P_1^{\frac{1}{2}}}{b_2}\right) I_2\left(\frac{P_2^{\frac{1}{2}}}{b_2}\right) \right]^2 \tag{7-38}$$

假设两载波的幅度相等，$P_1 = P_2 = \dfrac{1}{2} P$，式中 P 为输入总功率，令 $\sqrt{2} b_1 = B_1$，$\sqrt{2} b_2 = B_2$，这时 3 阶和 5 阶互调功率与输入功率的关系可表示为

$$P_{IM3} = A \left[I_2 \left(\frac{P^{\frac{1}{2}}}{B_1} \right) I_1 \left(\frac{P^{\frac{1}{2}}}{B_1} \right) - I_2 \left(\frac{P^{\frac{1}{2}}}{B_2} \right) I_1 \left(\frac{P^{\frac{1}{2}}}{B_2} \right) \right]^2 \qquad (7-39)$$

$$P_{IM5} = A \left[I_3 \left(\frac{P^{\frac{1}{2}}}{B_1} \right) I_2 \left(\frac{P^{\frac{1}{2}}}{B_1} \right) - I_3 \left(\frac{P^{\frac{1}{2}}}{B_2} \right) I_2 \left(\frac{P^{\frac{1}{2}}}{B_2} \right) \right]^2 \qquad (7-40)$$

设 $B_2 = \dfrac{B_1}{0.9}$，则

$$P_{IM3} = A \left[I_2 \left(\frac{P^{\frac{1}{2}}}{B_1} \right) I_1 \left(\frac{P^{\frac{1}{2}}}{B_1} \right) - I_2 \left(0.9 \frac{P^{\frac{1}{2}}}{B_1} \right) I_1 \left(0.9 \frac{P^{\frac{1}{2}}}{B_1} \right) \right]^2 \qquad (7-41)$$

$$P_{IM5} = A \left[I_3 \left(\frac{P^{\frac{1}{2}}}{B_1} \right) I_2 \left(\frac{P^{\frac{1}{2}}}{B_1} \right) - I_3 \left(0.9 \frac{P^{\frac{1}{2}}}{B_1} \right) I_2 \left(0.9 \frac{P^{\frac{1}{2}}}{B_1} \right) \right]^2 \qquad (7-42)$$

在非线性电压电流特性为奇对称性时，$B_1 = -B_2 = \dfrac{1}{b}$，电压传递函数可表示为

$$V_{out} = V_0 \{ \exp(b V_{in}) - \exp(-b V_{in}) \} \qquad (7-43)$$

在双音情况下，$2f_1 \pm f_2$ 处的 3 阶和 5 阶互调输出电压为

$$V_{IM3} = 2 V_0 I_2 (b V_1) I_1 (b V_2) \qquad (7-44)$$

$$V_{IM5} = 2 V_0 I_3 (b V_1) I_2 (b V_2) \qquad (7-45)$$

相应的 3 阶和 5 阶互调输出功率为

$$P_{IM3} = \left[2 V_0 I_2 (b P^{\frac{1}{2}}) I_1 (b P^{\frac{1}{2}}) \right]^2 \qquad (7-46)$$

$$P_{IM5} = \left[2 V_0 I_3 (b P^{\frac{1}{2}}) I_2 (b P^{\frac{1}{2}}) \right]^2 \qquad (7-47)$$

令 $4 V_0^2 = P_0$，则 3 阶和 5 阶互调输出功率为

$$P_{IM3} = P_0 \left[I_2 (b P^{\frac{1}{2}}) I_1 (b P^{\frac{1}{2}}) \right]^2 \qquad (7-48)$$

$$P_{IM5} = P_0 \left[I_3 (b P^{\frac{1}{2}}) I_2 (b P^{\frac{1}{2}}) \right]^2 \qquad (7-49)$$

$m + n$ 阶的 PIM 功率由下式给出：

$$P_{IM(m+n)} = P_0 \left[I_m (b P^{\frac{1}{2}}) I_n (b P^{\frac{1}{2}}) \right]^2 \qquad (7-50)$$

式中，$(m+n)$ 为奇数，m、n 均为整数，b 的单位为 $V^{-1} \cdot \Omega^{\frac{1}{2}}$。

式(7-49)和式(7-50)就是由低阶无源互调功率的测量值预测高阶无源互调功率的通用表达式，原则上可以估算任意高阶无源互调的功率电平。

7.3.2　实例分析

为了验证双指数模型算法的有效性，可以使用式(7-48)结合一组测量数据计算 b 和 P_0，再由式(7-49)计算 P_{IM5}。F. Arazm 和 F. A. Benson 对 S 频段的相似金属接触和非相似金属接触的非线性效应产生的无源互调产物进行了测量，采用 S 频段两个信号源对 3 阶 $2f_1-f_2$ 和 5 阶 $3f_1-2f_2$ 处的互调功率电平进行了测量，两个输入信号的频率分别为 $f_1=3.2$ GHz，$f_2=2.8$ GHz，中心频率为 3 GHz，测量数据见表 7-2。

表 7-2　输入功率与 3 阶 PIM 功率电平

输入总功率电平 P /dBm	输入总功率 P /W	输出 PIM 功率电平 P_{IM3} /dBm	输出 PIM 功率 P_{IM3} /W
28	0.6310	-64	3.9811×10^{-10}
29	0.7943	-61	7.9433×10^{-10}
30	1.0000	-60	1.0000×10^{-10}
31	1.2589	-58	1.5849×10^{-10}
32	1.5849	-55	3.1623×10^{-10}

假设目标函数为

$$y = \sum_{i=1}^{5} \left[\text{PIM3}(i) - P_{mea}(i) \right]^2 \qquad (7-51)$$

式中，PIM3(i) 为计算后的 3 阶互调功率电平，$P_{mea}(i)$ 为测量的 3 阶互调功率电平，采用遗传算法自动搜索优化，使目标函数 y 的值近似为零，从而拟合出函数的非线性系数 P_0 和 b。

通过上面的分析，我们可在遗传算法工具 GUI 界面的"Fitness Function"窗格中调用所编的程序，输入为 @Pimfitnesscol，变量个数为 2，并在"Options"窗格中设置其他相关参数。设置完毕后，在"Run Solver"中单击"Start"按钮，从"Status and Results"窗格中可看出迭代次数为 51 次，目标函数值近似为零，运行结果为 $P_0=0.028$ W，$b=0.304$ V^{-1} $\cdot$ $\Omega^{1/2}$。

表 7-3 和图 7-3 示出了采用幂级数法和遗传算法的预测结果。可以看出，幂级数法的预测结果的平均相对误差为 4.6%，而双指数法结合遗传算法的相对误差为 2.7%，而且在每个测量点上的相对误差均小于 5%。可见，双指数法结合遗传算法的 PIM 预测精度明显高于幂级数法，即，采用双指数法结合遗传算法的了算法在 PIM 预测方面具有巨大的优势。

表7－3　无源互调功率电平的测量结果和计算结果

输入功率 /dBm	3阶测量值 /dBm	5阶测量值 /dBm	幂级数法的 5阶计算值 /dBm	遗传算法的5阶 计算值/dBm	幂级数法的 预测误差 /(%)	遗传算法的 预测误差 /(%)
28.0	－64	－95	－90.4	－98.9	4.8	4.1
29.0	－61	－91	－86.3	－93.8	5.2	3.1
30.0	－60	－86	－82.6	－88.8	4.0	3.3
31.0	－58	－84	－79.6	－83.8	5.2	0.2
32.0	－55	－81	－78.0	－78.7	3.7	2.8

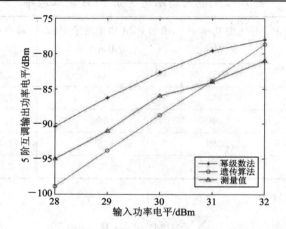

图7－3　幂级数法与遗传算法在PIM电平预测方面的比较
（金属接触无源互调）

从美国福特航空与宇宙航行公司的训练讲座中引入了一组测量数据，其中给出了通信卫星天线的PIM测量结果。预测结果和实验数据比较见表7－4和图7－4，迭代次数为51次，目标函数值近似为零，运行结果为 $P_0 = 0.009$ W，$b = 0.015$ V$^{-1} \cdot \Omega^{1/2}$。

表7－4　通信卫星天线的PIM预测结果与实验数据的比较

输入功率 /dBm	3阶测量值 /dBm	5阶测量值 /dBm	幂级数法的 5阶计算值 /dBm	遗传算法的 5阶计算值 /dBm	幂级数法的 预测误差 /(%)	遗传算法的 预测误差 /(%)
46	－95	－138	－127.5	－144.5	7.6	4.7
50	－85	－124	－109.8	－124.5	11.5	0.4
53	－77	－110	－103.5	－109.5	5.9	0.5
56	－70	－100	－90.6	－94.4	9.4	6.6

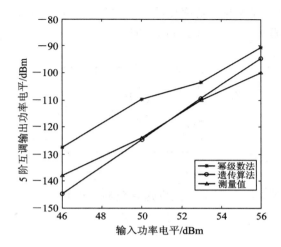

图 7-4　幂级数法与遗传算法在 PIM 电平预测方面的比较(卫星天线无源互调)

由表 7-4 和图 7-4 可以看出，遗传算法在每个输入功率上对应的 5 阶 PIM 输出功率点上的相对误差都小于幂级数法的预测结果，幂级数法的平均误差为 9.6%，而遗传算法的平均误差仅为 3.1%。这再次说明了采用双指数法结合遗传算法在 PIM 预测方面具有优势。

7.4　发送到负载上的互调功率

非线性器件的电流电压关系不满足欧姆定律，在有限区间内其电流电压关系可用一个 n 次多项式表示：

$$I = f(V) = C_0 + C_1 V + C_2 V^2 + C_3 V^3 + \cdots + C_n V^n \qquad (7-52)$$

式中，V 是加在非线性器件两端的电压，I 是通过器件的电流，系数 C_0，C_1，C_2，C_3，$\cdots$，C_n 是确定非线性严重程度的量。特别地，若 $C_1 \neq 0$，其他系数均为零，那么器件变为线性器件，C_1 是非线性结的导纳，C_3 / C_1 可以表征非线性产生的 3 阶互调产物的量；如果 V 是单一正弦波，那么 3 阶效应就是 3 阶谐波，但如果 V 是两个不同频率的正弦波之和，那么 3 阶谐波和 3 阶互调会同时产生。

假设 IM 源的阻抗近似等于载波的阻抗，即

$$Z_{IM} = \frac{V_c}{I_c} = \frac{1}{C_1}$$

所有其他 C 都小于 C_1。在这个关系中，V_c 是非线性器件两端的载波电压，I_c 是流过该器件的载波电流。为了确定发送到负载上的 IM 功率，假设集总等效电

路如图 7-5 所示。因为互调功率比载波功率低很多，所以在等效电路中，相对于源阻抗和负载阻抗，$Z=f(V)$ 可以忽略不计。

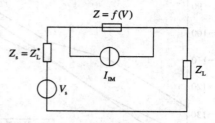

图 7-5　集总等效电路

在匹配条件下，$Z_s=Z_L^*$，所以发送到负载上的功率为

$$P_A = \frac{V_s^2}{4R_L}$$

式中，R_L 是 Z_L 的实部，$V_s=V_{s1}+V_{s2}$，V_{s1} 和 V_{s2} 分别是两个载波源的电压。通过负载的 IM 电流为

$$I_{IML} = I_{IM} \frac{Z_{IM}}{Z_{IM}+2R_L} \approx \frac{I_{IM}}{1+2C_1R_L}$$

非线性器件两端的载波电压变为

$$V_c = \frac{V_s}{1+2C_1R_L}$$

IM 功率为

$$P_{IM} = I_{IML}^2 R_L = \frac{I_{IM}^2 R_L}{(1+2C_1R_L)^2} = \frac{I_{IM}^2 V_c^2}{V_s^2} R_L$$

由于 $R_L=\dfrac{V_s^2}{4P_A}$，所以，发送到负载上的 IM 功率为

$$P_{IM} = \frac{I_{IM}^2 V_c^2}{4P_A} \tag{7-53}$$

式中，$V_c^2=V_1^2+V_2^2$。

7.5　3 阶互调功率随载波功率比的变化关系

现在说明 3 阶 IM 产物如何随输入功率载波之比变化的情况。根据式 (7-52) 中的电流电压传递特性和式 (7-14)，可得

$$I_{21} = \frac{3}{4}C_3 V_1^2 V_2$$

且

$$P_{21} = I_{21} R_{\mathrm{e}}$$

这里，$R_{\mathrm{e}} = \dfrac{R_{\mathrm{L}}}{(1 + 2C_1 R_{\mathrm{L}})^2}$。因此

$$P_{21} = \frac{9}{16} C_3^2 V_1^4 V_2^2 R_{\mathrm{e}}$$

总输入载波功率为

$$P_{\mathrm{T}} = \frac{C_1^2}{G_{\mathrm{e}}} (V_1^2 + V_2^2) \tag{7-54}$$

式中，G_{e} 是通过非线性器件电流的有效负载电导率。

令 R 是载波功率比：

$$R = \frac{V_2^2}{V_1^2} \tag{7-55}$$

将式(7-55)代入式(7-54)，得

$$P_{\mathrm{T}} = \frac{C_1^2}{R_{\mathrm{e}}} V_1^2 (R+1) \tag{7-56}$$

将式(7-55)和式(7-56)两式代入式(7-54)，可得发送的 3 阶 IM 功率为

$$P_{21} = \frac{9}{16} C_3^2 R_{\mathrm{e}} V_1^4 V_2^2 = \frac{9}{16} C_3 R_{\mathrm{e}} V_1^6 \frac{V_2^2}{V_1}$$

$$= \frac{9}{16} C_3 R_{\mathrm{e}} V_1^6 R \tag{7-57}$$

由式(7-57)，得 V_1 的表达式为

$$V_1^6 = \frac{P_{\mathrm{T}}^3}{C_1^6} G_{\mathrm{e}}^3 \frac{1}{(R+1)^3} \tag{7-58}$$

和

$$P_{21} = \frac{9}{16} \frac{C_3^2}{C_1^6} R_{\mathrm{e}} G_{\mathrm{e}} P_{\mathrm{T}}^3 \frac{R}{(R+1)^3} \tag{7-59}$$

考虑上式前面的常数，功率 P_{21} 与载波功率比的关系为

$$P_{21} \propto \frac{R}{(R+1)^3} \tag{7-60}$$

当 $V_1^2 > V_2^2$，即 $P_{i1} > P_{i2}$（P_{i1} 和 P_{i2} 分别为两个载波输入信号的功率电平）时，定义 $R = \dfrac{V_1^2}{V_2^2}$（设 R 总是定义为较大的载波功率与较小的载波功率之比），这时

$$P_{12} \propto \frac{R^2}{(R+1)^3} \qquad (7-61)$$

根据式(7-60)绘制的曲线如图7-6和图7-7所示。图中的纵坐标表示归一化3阶互调功率。从图中可以看出，当两个载波具有相同的功率或可比拟的功率时，曲线接近峰值且斜率很小。这就是说，在小载波比区域内，IM功率与载波比曲线的斜率接近2 dB/dB。而对于相反的情况，即在大载波比区域内，IM功率与载波比曲线的斜率接近1 dB/dB。由P_{12}的关系式可以看出，IM以3 dB/dB随总功率变化。在实际测量中，IM功率的变化与上述的近似描述有所不同，这与C_1、C_3、C_5的大小和符号有关。

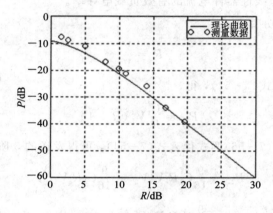

图7-6 负载上的互调功率随载波比的变化曲线（$R = P_{i2}/P_{i1}$，$P_{i2} > P_{i1}$）

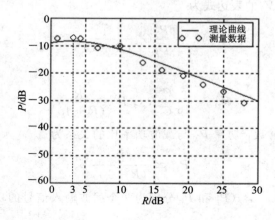

图7-7 负载上的互调功率随载波比的变化曲线（$R = P_{i1}/P_{i2}$，$P_{i1} > P_{i2}$）

为了验证以上的分析结果，我们引用 3 阶互调产物（$f_{IM3}=2f_1-f_2$）功率电平随两个发射载波的功率之比的变化规律进行的测量结果（在总载波功率保持不变的条件下）。由图 7 - 7 可以看出，当离 3 阶互调产物较近的发射载波（f_1）的功率比另一个载波（f_2）的功率高出 3 dB 时，对给定功率对应的 3 阶互调功率最大，这与理论估算结果完全一致。当载波 f_2 的功率大于载波 f_1 的功率时，3 阶互调功率随载波功率的变化斜率为 1 dB/dB，这个特性与理论结果非常接近。

第八章
基于传输线理论的无源互调分析

本章将根据传输线基本理论，结合泰勒多项式法，并假设 PIM 源与时间无关，建立一个包含 PIM 源的电路模型，解释测量中发现的某些 PIM 特性。这个模型可以说明 PIM 信号对负载阻抗和功率的依赖性，还可预测反向和正向 PIM 行波的差别，用于解释 PIM 的近场测量结果，最后将对 SMA 连接器的无源互调问题进行建模分析。

8.1 传输线基本理论

传输线理论经过一个多世纪的发展，目前已经成为比较完善和健全的理论体系。传输线理论又称一维分布参数理论，比较简单并且物理意义也很明确，因此在许多领域得到了广泛的应用与发展，在电磁学、电波科学和微波技术研究领域极为重要并具有基础性作用。在各种微波器件、高频元件等仪器设备的构造中，传输线作为能量与信息的载体及传播工具发挥着重要的基础性作用。电磁信号的传播一般有两种方式，即由传输线导体中的电流携带传播和经传输线导体周围的媒质传播。这两种方式之间有一定的联系，但人们往往倾向于更符合波的传播本质的后一种传播方式。传输线理论作为电路理论和场理论之间的纽带发挥着极大的作用。根据电路理论，传输线方程可表示为

$$\begin{cases} \dfrac{\partial v}{\partial z} + \left(r + L\,\dfrac{\partial}{\partial t} \right) i = 0 \\ \dfrac{\partial i}{\partial z} + \left(g + C\,\dfrac{\partial}{\partial t} \right) v = 0 \end{cases} \qquad (8-1)$$

式中，v、i 分别为传输线电压和电流，r、L、C、g 分别为传输线单位长度的分布电阻、分布电感、分布电容和分布电导。假设传输线上的电压、电流为正弦交流电压、电流，则可取

$$\begin{cases} v(z,\,t) = V(z)\,\mathrm{e}^{j\omega t} \\ i(z,\,t) = I(z)\,\mathrm{e}^{j\omega t} \end{cases} \qquad (8-2)$$

将式(8-2)代入式(8-1)可得

$$\begin{cases} \dfrac{\mathrm{d}V}{\mathrm{d}z} = -ZI \\ \dfrac{\mathrm{d}I}{\mathrm{d}z} = -YV \end{cases} \qquad (8-3)$$

式中，$Z=r+\mathrm{j}\omega L$ 为单位长度的阻抗，$Y=g+\mathrm{j}\omega C$ 为单位长度的导纳。若传输线导体无损耗，则 r 和 g 均为零。将式(8-3)两边对 z 求导可得

$$\begin{cases} \dfrac{\mathrm{d}^2V}{\mathrm{d}z^2} = \gamma^2 V \\ \dfrac{\mathrm{d}^2I}{\mathrm{d}z^2} = \gamma^2 I \end{cases} \qquad (8-4)$$

式中，传播常数 γ 表示波的传播和损耗，则有

$$\gamma = \sqrt{ZY} = \sqrt{(r+\mathrm{j}\omega L)(g+\mathrm{j}\omega C)} = \alpha + \mathrm{j}\beta \qquad (8-5)$$

$$\alpha = \sqrt{\frac{1}{2}(rg-\omega^2LC) + \frac{1}{2}\sqrt{(r^2+\omega^2L^2)(g^2+\omega^2C^2)}} \qquad (8-6)$$

$$\beta = \sqrt{\frac{1}{2}(\omega^2LC-rg) + \frac{1}{2}\sqrt{(r^2+\omega^2L^2)(g^2+\omega^2C^2)}} \qquad (8-7)$$

式中，α 为衰减常数，表示沿传播方向单位长度上波的幅度的衰减量，β 为相移常数。

方程(8-4)的通解为

$$V(z) = a_1 \mathrm{e}^{-\gamma z} + b_1 \mathrm{e}^{\gamma z} \qquad (8-8)$$

$$I(z) = \frac{a_1}{Z_0}\mathrm{e}^{-\gamma z} - \frac{b_1}{Z_0}\mathrm{e}^{\gamma z} \qquad (8-9)$$

式中，Z_0 为传输线的特性阻抗，其物理意义是行波电压与行波电流之比。当 Z_0 为纯实数时，行波电压与行波电流的时间相位相同。

特性阻抗 Z_0 的计算公式为

$$Z_0 = \sqrt{\frac{r+\mathrm{j}\omega L}{g+\mathrm{j}\omega C}} \qquad (8-10)$$

由式(8-10)可以看出，对于有耗线，或者当频率较低时，特性阻抗与频率有关，且不是纯实数。当传输线无损耗时，即 $r=0$，$g=0$，或者当频率较高时，即 $r\ll\omega L$，$g\ll\omega C$，此时特性阻抗与频率无关，其计算公式为

$$Z_0 = \sqrt{\frac{L}{C}} \qquad (8-11)$$

对于式(8-8)和式(8-9)，当 $z=0$ 时，电压用 V_0 表示，电流用 I_0 表示，则有

$$V_0 = a_1 + b_1 \qquad (8-12)$$

$$I_0 = \frac{a_1 - b_1}{Z_0} \qquad (8-13)$$

由式(8-12)和式(8-13)可得

$$a_1 = \frac{V_0 + I_0 Z_0}{2} \qquad (8-14)$$

$$b_1 = \frac{V_0 - I_0 Z_0}{2} \qquad (8-15)$$

将式(8-14)和式(8-15)代入通解表达式中，可以得到以 z 为坐标的传输线稳态方程为

$$U(z) = V_0 \cosh\gamma z - I_0 Z_0 \sinh\gamma z \qquad (8-16)$$

$$I(z) = I_0 \cosh\gamma z - \frac{V_0}{I_0} \sinh\gamma z \qquad (8-17)$$

用终端电压 U_l 和终端电流 I_l 来表示传输线稳态方程，可得

$$V(z) = V_l \cosh\gamma(l-z) + I_l Z_0 \sinh\gamma(l-z) \qquad (8-18)$$

$$I(z) = I_l \cosh\gamma(l-z) + \frac{V_l}{Z_0} \sinh\gamma(l-z) \qquad (8-19)$$

定义传输线上某点电压与电流的比值为该点的输入阻抗，则可得传输线任意点的输入阻抗为

$$Z_{\text{in}} = \frac{V(z)}{I(z)} = \frac{V_l \cosh\gamma(l-z) + I_l Z_0 \sinh\gamma(l-z)}{I_l \cosh\gamma(l-z) + \dfrac{V_l}{Z_0} \sinh\gamma(l-z)} \qquad (8-20)$$

将终端伏安特性 $U_l = I_l Z_l$ 代入式(8-20)可得

$$Z_{\text{in}} = Z_0 \frac{\tanh\gamma(l-z) + \dfrac{Z_l}{Z_0}}{1 + \dfrac{Z_l}{Z_0} \tanh\gamma(l-z)} \qquad (8-21)$$

令 $\tanh n = \dfrac{Z_l}{Z_0}$，可得传输线的输入阻抗为

$$Z_{\text{in}} = Z_0 \tanh(\gamma(l-z) + n) \qquad (8-22)$$

当 $z=0$ 时，即传输线的始端输入阻抗为

$$Z_{\text{in}} = Z_0 \tanh(\gamma l + n) = Z_0 \frac{Z_l + Z_0 \tanh\gamma l}{Z_0 + Z_l \tanh\gamma l} \qquad (8-23)$$

当终端负载 Z_l 等于传输线的特性阻抗 Z_0 时，传输线上无反射，状态是纯行波。

8.2　无源互调源的小信号电路模型分析

到目前为止，对 PIM 源并没有确切的物理模型。有些文献采用泰勒多项式模型，但并没有解释 PIM 源对时间和功率的依赖性。3 阶多项式模型预测了传输功率中的 3 阶 PIM 功率的立方依赖性。然而，对依赖性的测量发现，一般不同器件 3 阶互调功率的变化斜率为 1.6～3.0 dB/dB。在对天线的测量中也发现了各种功率斜率。作为特殊情况，由指数非线性产生的互调产物的幅度也可直接由修正的 Bessel(贝塞尔)函数确定。

互调频率处的非线性电路元件消耗的功率受不同频率处的负载阻抗的影响。例如，微波双极结晶体管(BJT)或场效应管功率放大器的互调失真电平受基带频率处的阻抗影响。基带阻抗可能增加或减小互调电平或者引起互调电平的上限和下限的非对称性。另外，采用所谓的短路板(空载电路)可以提高二极管倍增器的效率。短路板就是一个在一定谐波频率上产生短路的谐振器，但是对输入或输出频率会产生微小影响。近年来对短路板是否能抑制 PIM 失真的研究也在进行之中。然而，这些结果可由基本频率处的阻抗加以解释。

为了研究传输频率和互调频率处的负载阻抗对 PIM 信号的影响，本章采用泰勒多项式模型，并假设 PIM 源与时间无关，且服从 3 阶多项式。虽然这个模型不够成熟，但是它可解释测量中发现的某些 PIM 特性。例如，这个模型可以分析 PIM 信号对负载阻抗和功率的依赖性，预测反向和正向 PIM 行波的差别，还可用于解释 PIM 的近场测量结果。

8.2.1　无源互调源模型

在无源互调干扰分析中，无源互调信号通常被当做小信号，因为它们低于载波信号 100 dB 多。如果假设 PIM 源是无记忆的，那么在对 PIM 源进行建模时，泰勒多项式是一个自然的选择。另一个常用的小信号分析方法是伏特拉级数法，这种方法将非线性器件的记忆效应包含在内。例如，在对场效应管和双极化结晶体管功率放大器的互调行为进行建模时，就可使用伏特拉级数法，在这种情况下，非线性器件的解析模型是已知的。另外，泰勒多项式模型也可以推广到包含记忆影响。复常数的使用包含不同阶非线性的时间延迟，因此就可以包含相移对功率电平的依赖性。扩展的幂级数分析法甚至意义更加广阔，它可以包含与频率相关的振幅和延迟。也就是说，可将记忆影响包含在内，可通过推广的幂级数展开求出系统的伏特拉级数。

然而，因为不知道 PIM 源的细节，因此这里不考虑记忆影响，而采用泰勒级数。假设 PIM 源串联在信号回路中。对于并联情形，也很容易进行类似分析。为了简单起见，仅考虑 3 阶项对 PIM 源进行建模。源两端的电压为

$$V_{src} = a_3 \left[I(f_1) + I(f_2) \right]^3 \qquad (8-24)$$

式中，$I(f_1)$ 和 $I(f_2)$ 是频率为 f_1、f_2 处通过 PIM 源的电流。a_3 是一个实常数，即它既不依赖于频率也不依赖于源和负载阻抗。这个假设意味着电压是电流的光滑函数，不包含任何电感性元件。另外，大信号电阻和小信号电阻分别相对于源阻抗 Z_s 和负载阻抗 Z_L 来说是可以忽略不计的。PIM 源的电路模型如图 8-1 所示。从 PIM 源所能看到的反射系数为 Γ_s 和 Γ_L。

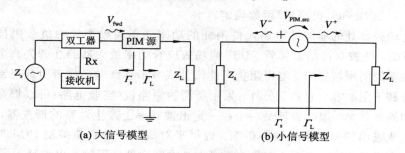

(a) 大信号模型   (b) 小信号模型

图 8-1   PIM 源的电路模型

8.2.2   基于传输线理论的无源互调分析

在互调频率 $f_3 = 2f_1 - f_2$ 上的反向和正向行波电压为

$$V^- = \frac{V_{PIM.src}}{2} \cdot \frac{1 - \Gamma_L(f_3)}{1 - \Gamma_s(f)\Gamma_L(f_3)} \qquad (8-25)$$

$$V^+ = -\frac{V_{PIM.src}}{2} \cdot \frac{1 - \Gamma_s(f_3)}{1 - \Gamma_s(f)\Gamma_L(f_3)} \qquad (8-26)$$

在发射频率处，PIM 源两端的电压和电流分别为

$$V_{PIM.src} = \frac{3a_3}{4} I^2(f_1) I^*(f_2) \qquad (8-27)$$

$$I(f_3) = \frac{V_{fwd}(f_3)}{Z_0} \cdot \frac{1 - \Gamma_L(f_3)}{1 - \Gamma_s(f)\Gamma_L(f_3)} \qquad (8-28)$$

式中，Z_0 表示参考阻抗，星号表示复共轭。反向电流和正向电流分别为

$$\Gamma^- = -\frac{V^-}{Z_0} \qquad (8-29)$$

$$I^+ = \frac{V^+}{Z_0} \qquad (8-30)$$

PIM 源的反向功率和正向功率分别为

$$P_{\text{rev}} = \frac{|V^-|^2}{2Z_0}(1 - |\Gamma_s(f_3)|^2) \tag{8-31}$$

$$P_{\text{fwd}} = \frac{|V^+|^2}{2Z_0}(1 - |\Gamma_L(f_3)|^2) \tag{8-32}$$

由(8-31)、(8-32)两式可以看出，当反射系数为常数时，PIM 功率与 $|1-\Gamma|^8$ 成正比，如果负载和源为理想匹配，则反向和正向功率相等，即

$$P_{\text{rev}} = P_{\text{fwd}} = \frac{9a_3^2}{16Z_0^4}P_{\text{av}}^3 \tag{8-33}$$

式中，P_{av} 是发射机消耗的功率。若发射功率为 43 dBm，$Z_0 = 50\ \Omega$，$P_{\text{rev}} = 120$ dBm，系数 $a_3 = 1.2 \times 10^{-6}\ \text{V/A}^3$，可以看出，在串联 PIM 源的情况下，当系统阻抗加倍时，PIM 电平下降 12 dB。

反向和正向 PIM 功率之比是

$$\frac{P_{\text{rev}}}{P_{\text{fwd}}} = \left|\frac{1 - \Gamma_L(f_3)}{1 - \Gamma_s(f_3)}\right|^2 \cdot \frac{1 - |\Gamma_s(f_3)|^2}{1 - |\Gamma_L(f_3)|^2} \tag{8-34}$$

8.2.3　多个 PIM 源的叠加

在微波系统中也许有很多 PIM 源，它们产生相长叠加或相消叠加。总电压的幅度与波传播的方向、PIM 源之间的电距离和反射系数有关。图 8-2 所示为被长度为 l 的传输线分离的两个 PIM 源。正向传播电压 V_A^+ 和 V_B^+ 之和为

$$V_{AB}^+ = V_A^+ e^{-j\beta_3 l} + V_B^+ \tag{8-35}$$

$$V_A^+ = rV_0\ \frac{(1 - \Gamma_{L,1})^2}{(1 - \Gamma_{L,1}\Gamma_{s,L})^2} \cdot \frac{1 - \Gamma_{L,2}^*}{1 - \Gamma_{L,2}^*\Gamma_{s,2}^*} \cdot \frac{1 - \Gamma_{s,3}}{1 - \Gamma_{s,3}\Gamma_{L,3}} \tag{8-36}$$

$$V_B^+ = V_0 e^{-j\beta_3 l}\ \frac{(1 - \Gamma_{L,1}e^{-j2\beta_1 l})^2}{(1 - \Gamma_{L,1}\Gamma_{s,L})^2} \cdot \frac{1 - \Gamma_{L,2}^*e^{-j2\beta_2 l}}{1 - \Gamma_{L,2}^*\Gamma_{s,2}^*} \cdot \frac{1 - \Gamma_{s,3}e^{-j2\beta_3 l}}{1 - \Gamma_{s,3}\Gamma_{L,3}}$$

$$\tag{8-37}$$

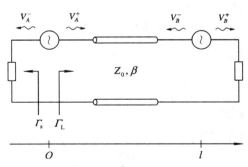

图 8-2　被传输线分离的两个 PIM 源

$$V_0 = -\frac{3a_3}{8Z_0^3} V_{\text{fwd},1}^2 V_{\text{fwd},2}^* \qquad\qquad (8-38)$$

式中，r 是 PIM 源 A 和 B 的系数 a_3 之比，β 是相位常数，脚标上的数表示频率 f_1、f_2 和 $f_3(=2f_1-f_2)$。

反向传输电压之和为

$$V_{AB}^- = V_A^- + V_B^- e^{-j\beta_3 l} \qquad\qquad (8-39)$$

V_A^- 和 V_B^- 可由式(8-36)和式(8-37)中用 $\Gamma_{\text{L},3}$ 替换分子上的 $\Gamma_{\text{s},3}$ 得到。如果负载和源为理想匹配，那么总电压简化为众所周知的公式：

$$V_{AB}^+ = V_0 e^{-j\beta_3 l}(r+1) \qquad\qquad (8-40)$$

$$V_{AB}^- = V_0(r + e^{-j\beta_3 l}) \qquad\qquad (8-41)$$

由此可见，正向 PIM 波同向相长，而反向 PIM 波甚至相互抵消。因此，正向 PIM 测量似乎给出了多个 PIM 源器件性能的最坏情形。如果采用反向 PIM 测量，那么必须在器件的整个工作波段进行测量，以便可以检测到所有可能的最小值。

由于源阻抗和负载阻抗的存在，实际情况并非如此简单。当 PIM 源之间距离约为半波长时，也存在着反向 PIM 电平比正向 PIM 电平高的可能性。在这种情况下，通常差别较小，正向 PIM 电平仍然可以当做最坏的情况。然而，由两个 PIM 源产生的电压与一个 PIM 源产生的电压之比可以清楚地看出负载阻抗的影响情况。由式(8-35)～式(8-39)计算所得的两个相等的 PIM 源产生的 PIM 的比值 $\dfrac{V_{AB}^+}{V_A^+}$ 和 $\dfrac{V_{AB}^-}{V_A^-}$ 如图 8-3 和图 8-4 所示。源和负载的反射系数可由 PIM 测量仪和天线组成的系统测量。相比之下，由式(8-40)可以看出，正向 PIM 电压之和依赖于源之间的电距离，其值与 6 dB 有一定的偏差。而反向

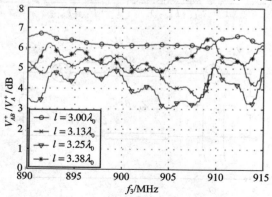

图 8-3　正向行波

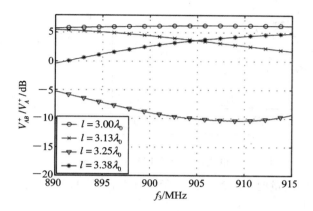

图 8 - 4 反向行波

PIM 电压并未出现完全抵消的现象。测量得到的源和负载的反射系数为 $|\Gamma_s|<0.2$，$|\Gamma_L|<0.2$，$f_1=925$ MHz，f_2 在 $935\sim960$ MHz 范围内取值，$r=1$，图中 λ_0 是 $f_3=902.5$ MHz 对应的波长。

8.3　电缆连接器的无源互调分析

在微波系统中，电缆连接器内部的点源能引起可观测的无源互调失真，把电缆连接器内部无源互调问题研究清楚，将对整个微波系统的通信质量起到至关重要的作用。本节主要是将传输线理论、多项式假设和简单电路模型有机结合，对微波系统中的电缆连接器无源互调特性进行建模分析。

8.3.1　电缆连接器的 PIM 点源模型的建立

电缆连接器的 PIM 点源的简单电路模型如图 8 - 5 所示。V_{DUT}^-、V_{DUT}^+ 为被测连接器 DUT 内所有非线性组合产生的互调产物。V_{DUT}^- 是被测连接器反向端口产生的反向传播的互调电压波；V_{DUT}^+ 是被测连接器的正向端口产生的正向传播的互调电压波；反向端口到被测连接器内第一处非线性的电长度为 l_{front}；被测连接器内第一处非线性到最后一处非线性的电长度为 l_{DUT}；被测连接器内最后一处非线性到正向端口的电长度为 l_{back}；两端口处的电压源 V_{front} 和 V_{back} 表示测量系统的残余互调；l_{load} 为被测连接器到负载的距离；Z_{load} 为负载阻抗；V^- 是系统的反向传播电压。

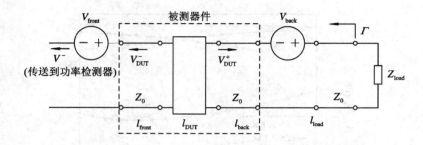

图 8-5　电缆连接器的 PIM 点源简单电路模型

在进行正向测量时，将正向传播所有互调源的电压同相相加，则连接器总正向传播互调电压为

$$V_{\mathrm{IM}}^{+} = \sum_{n=1}^{N} V_n \qquad (8-42)$$

式中，V_n 是每一个点源非线性产生的互调电压。然而，进行反向测量时，就必须考虑互调源之间的相位因子 $\exp(\mathrm{j}2\beta l_n)$。第一个到第 n 个互调源之间的电长度为 l_n，β 是传播常数。则连接器反向传播总互调电压的表示式为

$$V_{\mathrm{IM}} = \sum_{n=1}^{N} V_n \exp(\mathrm{j}2\beta l_n) \qquad (8-43)$$

图 8-5 所示的功率检测器处的总反向传播互调电压为

$$V^{-} = V_{\mathrm{front}} + V_{\mathrm{DUT}}^{-} \exp[\mathrm{j}2\beta(l_{\mathrm{front}})] + V_{\mathrm{back}} \exp[\mathrm{j}2\beta(l_{\mathrm{back}} + l_{\mathrm{front}} + l_{\mathrm{DUT}})]$$

$$+ \Gamma(V_{\mathrm{front}} + V_{\mathrm{DUT}}^{+} + V_{\mathrm{back}}) \exp[\mathrm{j}2\beta(l_{\mathrm{front}} + l_{\mathrm{back}} + l_{\mathrm{DUT}})] \qquad (8-44)$$

式中，Γ 为负载反射系数，用网络分析仪可测得其值。

由上述的点源模型及传输线相关理论可知，电缆连接器中的 PIM 源可看成两段传输线间的电压源，其电压和相位依赖于入射载波的电压和相位。若把多个连接器级联起来，就可以对电缆连接器间的无源互调干扰进行建模，模型如图 8-6 所示。

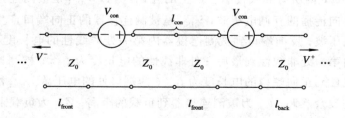

图 8-6　电缆连接器间的无源互调干扰的点源模型

图 8-6 中每个电压源 V_{con} 都对应一个连接器间的点源非线性，且有

$$l_{con} = l_{front} + l_{back} \tag{8-45}$$

式中，l_{con} 为连接器的总电长度。若每个连接器参数都相同，则对于有 N 个级联的连接器，其反向传播的总互调电压和正向传播的总互调电压表达式为

$$V_{cascade}^{-} = \sum_{n=1}^{N} V_{con} \exp[j2(n-1)\beta l_{con}] \tag{8-46}$$

$$V_{cascade}^{+} = N V_{con} \tag{8-47}$$

式中，V_{con} 是单个连接器所产生的总互调电压。N 个级联的连接器内部总电长度为

$$l_{DUT} = (N-1)l_{con} \tag{8-48}$$

根据式(8-45)～式(8-48)可将式(8-44)转化为

$$V^{-} = V_{front} + \sum_{n=1}^{N} V_{con} \exp[j2\beta((n-1)l_{con} + l_{front})] + V_{back} \exp(j2\beta N l_{con})$$

$$+ \Gamma(V_{front} + N V_{con} + V_{back}) \exp[j2\beta(N l_{con} + l_{load})] \tag{8-49}$$

由式(8-49)可以得出任意数目级联电缆连接器内部 PIM 的一般表达式，从而可以对微波系统中多电缆连接器系统的 PIM 进行分析。

8.3.2　电缆连接器 PIM 的分析

下面分析 SMA 连接器的互调功率电平随输入功率变化的关系。假设输入的载波信号为等幅双音信号，可表示为

$$V(t) = A[\cos(\omega_1 t) + \cos(\omega_2 t)] \tag{8-50}$$

利用多项式级数模型来表示 SMA 连接器的伏安特性曲线：

$$I(V) = b_1 V + b_3 V^3 + b_5 V^5 + b_7 V^7 + \cdots \tag{8-51}$$

将式(8-50)代入式(8-51)展开，可以得到各阶的互调频率和谐波频率。但是全部展开计算非常繁琐，为了简单起见，在此仅对最为重要的 3 阶 PIM 进行分析。通过展开计算可得 SMA 连接器的 3 阶互调功率为

$$P_{IM} = [A^3 a_3 + A^5 a_5 + A^7 a_7 + \cdots]^2 \tag{8-52}$$

式中，A 是输入载波信号的幅度，系数 a_n 与 SMA 连接器伏安特性系数 b_n 成正比，$n = 3, 5, 7, \cdots$。SMA 连接器的互调功率电平与输入功率之间通常满足下列关系：

$$P_{IM} \propto A^{2n} \tag{8-53}$$

式中，n 为互调阶数，其 P_{IM}-P_{in} 关系曲线如图 8-7 所示。从图中可以看出，通过式(8-52)拟合出的 3 阶互调产物是斜率为 3 的曲线，而测量得出的互调功

率电平曲线的斜率小于互调阶数3，并且互调功率的斜率是随输入功率的变化而变化的，不是常数。这说明在实际微波系统中，电缆连接器的互调功率不满足关系式(8-53)。所以要想更好地吻合实际电缆连接器无源互调曲线，就必须选择较多的项。

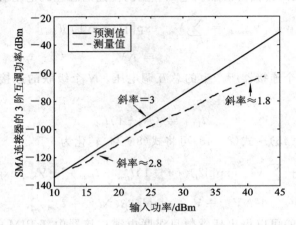

图 8-7　SMA 连接器的 P_{IM} - P_{in} 关系曲线

逐渐增加式(8-51)中的高阶项，适当调整系数 a_n，就可以较好地对电缆连接器的3阶互调产物进行预测。图8-8为取到24项的49次多项式的3阶互调功率与输入功率的关系曲线。由图8-8可以看出，增加多项式项数对预测结果有明显改善，预测值与测量值基本吻合。除了多项式拟合外，还有双曲正切拟合，也可取得较为满意的效果。

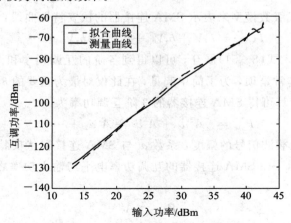

图 8-8　高次多项式的 3 阶互调功率与输入功率的关系曲线

第九章
基于互作用模型的无源互调分析

在微波系统中，产生于大功率微波器件(如同轴连接器、滤波器、天线和传输线)的无源互调的功率依赖性很难用解析方法来建模，尽管许多研究已经阐述了这些系统的其他方面的特性。对这些非线性失真产物的功率依赖性的建模，明显地受到无源互调的多阶特性的限制。研究表明，低阻抗无源器件(如同轴连接器)的互调失真受无源非线性相互作用和周围环境的严重影响。这种线性-非线性相互作用已在有源器件中进行过广泛研究。然而，负载和其他阻抗对PIM的影响还主要限定在线性反射上，所以有必要探索这种负载和非线性本身的相互作用。本章提出一种简单的线性-非线性相互作用的电路模型，简称为互作用模型，说明微波系统中的3阶无源互调失真不是完全的立方功率依赖性的原因，采用具体实例表明该模型能够描述真实系统中的非常规功率依赖性，并描述互作用对无源互调失真的影响，挖掘微波器件无源互调产生的物理原因。事实上，认识这种相互作用，能够在独立于周围电路情况下对非线性器件进行表征；能够在简单电路的无源互调源测量的基础上，对复杂电路的PIM产物进行预测。

9.1　互作用模型的理论分析

图9-1是描述低阻抗无源器件的简化电路模型，由一个PIM源(SMA连接器)和一个50 Ω的负载串联。在这个网络中，非线性的PIM源的非线性失真比其他所有PIM源至少高出20 dB，这样可将其他器件看做线性的。这种线性

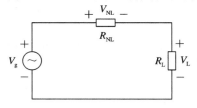

图9-1　理想电压源驱动非线性电阻和线性电阻串联电路

与非线性的相互作用模型，对于理解低阻抗无源器件的非线性是非常有用的，对探讨无源非线性物理机理的性质是一个重要的启示。

图 9-1 中的 3 阶非线性电阻 R_{NL} 的伏安关系如下：

$$I(V_{NL}) = a_1 V_{NL} + a_3 V_{NL}^3 \tag{9-1}$$

式中，a_1 是电阻器的线性电阻的倒数，a_3 是一个电阻器的 3 阶非线性响应的控制因子，单位为 $\Omega^{-3} \cdot A^{-2}$。非线性电阻的端电压可写为

$$V_{NL} = V_g - I(V_g)R_L \tag{9-2}$$

将式(9-2)代入式(9-1)中，可以将式(9-1)重写为

$$I(V_g) = a_1 [V_g - I(V_g)R_L] + a_3 [V_g - I(V_g)R_L]^3 \tag{9-3}$$

这是一个三次方程，解此方程可得电流的显式。式(9-3)有三个解，两个复数解和一个实数解，复数解失去物理意义可以舍去，而对于正的 a_3，实数解由下式给出：

$$I(V_g) = \frac{V_g}{R_L} - \frac{2^{1/3}(3a_3R_L^3 + 3a_1a_3R_L^4)}{3a_3R_L^3 \left(-27a_3^2V_gR_L^5 + \sqrt{729a_3^4V_g^2R_L^{10} + 4(3a_3R_L^3 + 3a_1a_3R_L^4)^3}\right)^{1/3}}$$
$$+ \frac{\left(-27a_3^2V_gR_L^5 + \sqrt{729a_3^4V_g^2R_L^{10} + 4(3a_3R_L^3 + 3a_1a_3R_L^4)^3}\right)^{1/3}}{3a_3R_L^3(2^{1/3})} \tag{9-4}$$

上式第一项是电阻 R_L 产生的非线性电流，后面两项对 V_g 而言是非线性的。由式(9-4)可以看出，即使这种简单的 3 阶非线性电路，对系统的描述往往也是非常复杂的。

注意，图 9-1 的两个电阻之间的电压分布并不是常数，事实上是随 V_g 连续变化的，这是 SMA 连接器的非线性串联电阻 R_{NL} 的结果。将式(9-4)代入式(9-2)可得非线性电阻两端的电压降为

$$V_{NL} = \frac{\left(\frac{2}{3}\right)^{\frac{1}{3}} a_1}{\left(-9a_3^2 I(V_g) + \sqrt{3}\sqrt{4a_1^3a_3^3 + 27a_3^4 I(V_g)^2}\right)^{\frac{1}{3}}}$$
$$- \frac{\left(-9a_3^2 I(V_g) + \sqrt{3}\sqrt{4a_1^3a_3^3 + 27a_3^4 I(V_g)^2}\right)^{\frac{1}{3}}}{2^{\frac{1}{3}}3^{\frac{2}{3}}a_3} \tag{9-5}$$

式中，$I(V_g)$ 由式(9-4)给出，将式(9-4)和式(9-5)相乘，可以推导出电阻两端的总功率作为输入电压或功率的函数。

如图 9-1 所示，当非线性阻抗与外电路的阻抗串联时，源电压在所有这些电阻上都产生分压。线性-非线性相互作用可用 R_L 和 R_{NL} 在非线性电阻上的分压来表示：

$$\frac{V_{\rm NL}}{V_{\rm g}} = \frac{R_{\rm NL}}{R_{\rm NL} + R_{\rm L}} = \frac{1}{1 + R_{\rm L}(a_1 + a_3 V_{\rm NL}^3)} \tag{9-6}$$

9.2　两种类型非线性的机理分析

非线性电阻行为的一个基本特性由 I-V 表达式(9-1)中的系数 a_3 的符号决定。许多物理非线性可以用无记忆单音电阻性非线性来建模,非线性电阻或者随电压增加而增加或者随电压增加而减小。两种电阻非线性实质上都会发生,电路中两种非线性的功率依赖性明显不同。本节简要叙述两种非线性的功率依赖性的差异,特别是在发现和研究的串联结构中(如图9-1),电阻减小非线性的3阶互调产物随输入功率的增长率≤3 dB/dB,而电阻增加非线性的增长率≥3 dB/dB,两种不同类型的非线性在功率扫描测量中截然不同。

9.2.1　电阻减小非线性

之所以叫做电阻减小非线性,是因为它们趋于短路,随所加电压的增加而电阻减小。二极管 I-V 特性曲线的正向偏置就是这种非线性的例子,随输入电压而上凹增加,其 I-V 特性曲线如图9-2所示。此外,电晕放电和电介质击穿以及电子隧道贯穿效应等都属于这种非线性。

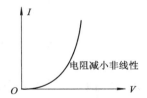

图 9-2　电阻减小非线性 I-V 特性曲线

双音情形下的电阻减小非线性的互调产物如图9-3所示,图中将非线性电阻吸收的功率(虚线)与电阻的3阶互调输出功率(实线)进行了比较。

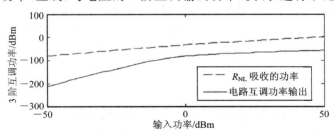

图 9-3　非线性电阻的吸收功率和电路的互调输出功率

图 9-4 示出了图 9-3 的两条曲线的斜率。首先可以看出在低输入功率时，PIM 的增长速率为 3 dB/dB，电阻的功率正比于输入功率。在输入功率大约为 −10 dBm 时，PIM 曲线的斜率开始下降，可以看到电阻上的线性输入功率的斜率相应下降，这种随被非线性电阻吸收的输入功率成比例下降的规律是大电压下非线性电阻 R_{NL} 不再为电阻性的结果。结果是随非线性电阻总电压成比例下降，由式（9-6）中的 R_{NL} 的值的下降造成。这种与非线性电阻的电压降 V_g 成比例下降，自然伴随着更大部分的电压降 V_g 落在完全线性的电阻 R_L 上。系统功率由非线性电阻到线性电阻上的"转移"是 PIM 输出随输入功率增加（斜率）下降的直接原因。当非线性电阻吸收的输入功率的比例下降时，一般来说其非线性特别是 PIM 输出相应减弱。电路中的其他阻抗将在高驱动电压作用下对非线性器件的电路行为起主导作用，使得电路在大功率时的非线性比小功率时的非线性程度轻。

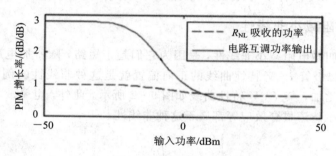

图 9-4　图 9-3 中的两条曲线的斜率

值得注意的是，电阻产生的 PIM 功率斜率的减小和电阻吸收线性功率的增加这两个过程同时发生。在此之前，线性和非线性电阻分压实质上是静态的。因此，R_{NL} 上的功率正比于 V_g 且它的互调响应实质上是立方的，这意味着互调功率正比于输入功率的立方。达到这个功率电平之前，PIM 随输入功率的变化率可用 3 dB/dB 表示。在此之后，被非线性电阻吸收的总功率的比例减小，产生的 PIM 功率相应减小，引起线性和非线性相互作用的同时，也引发电路的更高阶行为。许多微波无源器件（如含镍器件和许多电阻性负载）产生实际系统中常见的 PIM 失真，表现出这种电阻减小非线性。

9.2.2　电阻增加非线性

之所以叫做电阻增加非线性，是因为电阻随电压增加而增加，趋于一个开路电路。这种非线性表现出一个下凹的 I-V 曲线，如图 9-5 所示。这种非线性包括半导体中载流子的饱和速度或电热效应，金属的焦耳热引起金属温度的增加，因此其电阻增加。这种电阻非线性的 3 阶模型表现为式（9-1）中的 a_3 为负值。在功率扫描双音测试中，电阻增加非线性与电阻减小非线性表现出完全不同的行为。让我们再次考虑图 9-1 中的电路，如果 R_{NL} 具有电阻增加非线性，那么 R_{NL} 和 R_L 的分压值由式（9-6）给出，不再是一个随电压减小的函数。事实上，分压值随 V_g 增加而增加。因此，被 R_{NL} 吸收的总功率随输入功率的增加而增加，通过同样的推理，希望得出，随着输入功率的增加，PIM 对输入功率的斜率也增加。这种情况下，电路中 R_{NL} 是一个不断增加的非线性，如图 9-6、图 9-7 所示。这里令 $a_3 = -10^2$，$a_1 = 10$。

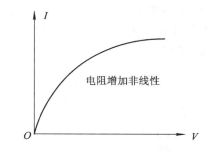

图 9-5　电阻增加非线性 I-V 特性曲线

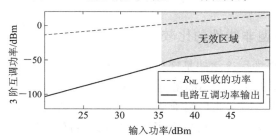

图 9-6　所列电路的 3 阶互调功率

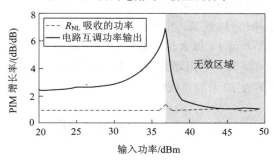

图 9-7　图 9-6 中两曲线的斜率

类似于图 9-3、图 9-4，画出了 3 阶互调功率（实线）以及非线性电阻的吸收功率（点线）（图 9-6），这些曲线的斜率如图 9-7 所示。与电阻减小非线性一样，对低的输入功率，PIM 功率的增加正比于输入功率的立方，电路行为实际上为 3 阶。在输入功率大约为 30 dBm 时，PIM 的增长率开始增加。这是由于随输入功率的增加，R_{NL} 的平均阻抗增加，引发了 R_{NL} 所吸收的总功率比例的增加和互调功率的相应增加。然而，增长率的增加持续到输入功率为 38 dBm 处时，斜率突然降到很小的值。实际上，所描绘的行为通过图 9-7 的最大点是不成立的。因为该点的非线性电阻的表示失去了物理意义。究其原因，可以用所说的值 $a_3 = -10^{-2}$ 检查一下 R_{NL} 的电阻。因为式（9-1）中的两项符号相反（对负的 a_3），所以电流开始时在线性项占有支配地位的区域内增加，然后过零减小，对于大的输入电压又变为负值。电阻中的电流变为零的对应电压，由下式给出：

$$V_{zero} = \frac{\sqrt{a_1}}{\sqrt{|a_3|}} \qquad (9-7)$$

在该零点，R_{NL} 的电阻变为无穷大，在系统中其两端的总电压下降。跨越该电压之后，R_{NL} 的电阻变为负值。对于此例中要检验的非线性器件，这明显是不现实的。越过这点后该模型失效，因为当 R_{NL} 变为负值时所选的 R_{NL} 为正值的解（式（9-5））变为复数。

9.2.3　两种类型非线性的比较

双音测量结果的用途之一是区分两种不同类型的非线性。如果互调产物的 $P_{IM3} - P_{in}$ 的增长率随输入功率的增加而减小，那么产生这种非线性的物理过程是一种电阻减小非线性，典型例子是二极管的正向偏置特性的非线性。含镍的无线通信元器件和许多电阻性负载都显示出这种特性。这种情况下的 $P_{IM} - P_{in}$ 关系如图 9-3、图 9-4 所示，这时的斜率值小于或等于 3 dB/dB。这种功率随输入功率增加而依赖性减小的现象已在非焊接金属-金属接触中得到证实，包括铝波导法兰的金属-金属连接。相比而言，如果 $P_{IM} - P_{in}$ 斜率随输入功率的增加而增加（如图 9-7 所示），那么这种非线性是电阻增加非线性过程，这时的斜率值大于或等于 3 dB/dB。电阻增加无源非线性的典型例子是金属接触中的 a 型斑点的电热效应产生的无源非线性。

9.3　实例分析

例 1　对于 SMA 连接器，确定了 a_1 和 a_3 之后，由这些参数描述的非线性电阻计算无源互调失真并进行实际测量，发现理论预测结果与实际测量结果的一致性很好(如图9-8所示)。另外,在图9-9中示出了双音情况下的SMA连接器的3阶到13阶互调产物的功率以及采用该模型预测的结果,也具有很好的一致性。该模型仅利用3阶非线性电阻就能准确预测高阶互调产物,这是该模型的显著特点。也就是说,现在认为本质上是多阶的一些非线性现象也许事实上在微观层面或器件水平上的描述比想象的更为简单。

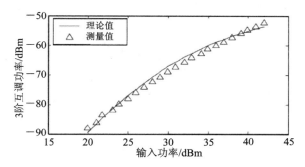

图9-8　SMA连接器的PIM失真与输入功率的关系

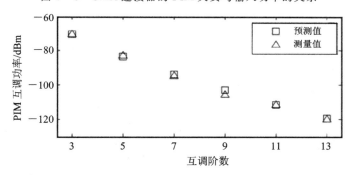

图9-9　3阶到13阶PIM功率

例2　作为电阻增加非线性的例子,这里对可能发生在同轴连接器中非焊接型的金属-金属接触中的非线性——a型斑点的电热非线性的无源互调进行仿真。随着温度的增加,块状金属导体的电阻增加。电热效应引起 $I-V$ 非线性,因为在更大电流时金属内的焦耳热更为明显,引起更高电压时金属电阻增加。通过检测双音情形下该系统的3阶PIM产物的行为,发现PIM随输入功率的变化其斜率大于3,与互作用模型的预测结果(图9-6和图9-7)一致。a型斑点的双音测试结果如图9-10、图9-11所示。由图可以看出3阶互调信号行为与相互作用模型所指出的一样,开始时随输入信号呈立方规律增加,然后,由于电阻的热变化而变得显著,PIM随输入功率变化增加得更快。正如式(9-4)所预测的那样,在 $P_{IM3}-P_{IMi}$ 斜率增加后很快就失去了物理意义,也很快出现了"a型斑点模型"。仿真表明,在输入功率处快速升高的a型斑点的温度,可引起高于立方规律的功率依赖性。这种温度增高变得没有限制,数值模拟发散。仿真发现了a型斑点接触面的电热非线性引起的PIM失真具有斜率大于3 dB/dB的功率依赖性,这种电阻增加型非线性与互作用观点的预测结果一致。

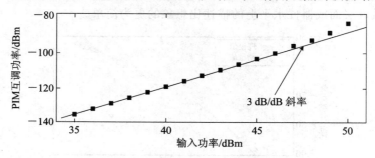

图 9-10 a型斑点的3阶互调

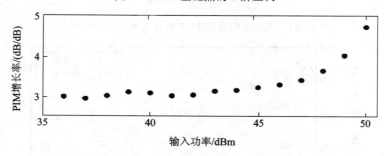

图 9-11 a型斑点的非线性增长率

对于同样的SMA连接器,当环境因素不同时,表现出的是电阻减小非线性还是电阻增加非线性也不尽相同。通常条件下主要表现出电阻减小非线性,但当连接处的温度不断升高时,由于电阻的热变化变得显著,PIM随输入功率变化增加得更快,此时又表现出电阻增加非线性。

9.4 多物理仿真软件包的非线性分析方法

像大多数电接触一样,同轴连接器设计的主要目标之一是提供尽可能小的接触电阻和畅通的电连接。在非焊接接触时会遇到接触电阻,而实际上的接触面积非常小,由于在微观尺度上任何金属表面均有一定的粗糙度。结果,当两金属接触时,真正的电子接触仅在分立点上,在这些分立点上两表面的粗糙度正巧吻合,足以实现接触。为了研究同轴连接器的非焊接接触产生的PIM失真,2010年,Justin J等在"a型斑点"区域内建立有限元模型,使用时域耦合多物理仿真包。由于小尺寸和较低的系统工作频率(约 500 MHz),所以可以使用多物理软件 COSMOL 的 ac/dc 应用模式,求解准静态电导方程:

$$- \bigtriangledown \cdot \frac{\partial(\varepsilon \bigtriangledown V)}{\partial t} - \bigtriangledown \cdot (\sigma \bigtriangledown V - \boldsymbol{J}^e) = Q_j \quad\quad (9-8)$$

式中,V 为电势;ε 是绝缘体的介电常数;σ 是导体的电导率,与温度有关;$\boldsymbol{J}^e$ 是电流密度;Q_j 是由导体损耗产生的热通量。这种损耗的机理变为热源到热的共同仿真,由下列热扩散方程决定:

$$\rho C_p \frac{\partial T}{\partial t} - \bigtriangledown \cdot (k \bigtriangledown V) = Q_j \quad\quad (9-9)$$

式中,ρ 是材料密度,C_p 是热容量,k 是与温度有关的热导率。

　　在这个模型中,为了恰当地考虑结上电压降与结温度之间的关系,必须同时求解电传导方程和热扩散方程,结的温度分布和结上电压降如图 9-12 所示。在此图中,此结构的左边缘是一个轴对称平面,所显示的横截面绕该轴旋

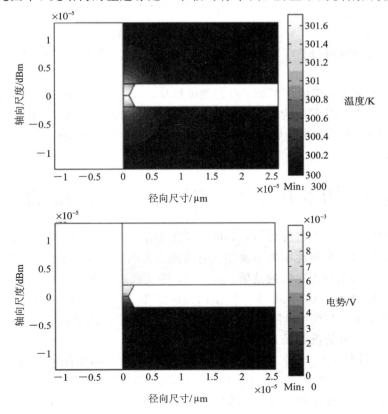

图 9-12　结的温度分布和结上电压降

转产生 3D"a 型斑点"模型。在图 9-12 所示的模型中，"a 型斑点"束缚在顶端和底部电极直径为 4 μm（上、下矩形区域），中心最小直径为 2 μm 的范围内。顶端电极和底部电极代表金属接触的大规模接触面，相对于该构造来说做得更大，因此其电耗散可以忽略。可令与 a 型斑点不相邻的接触面为常数。在本仿真中采用整块铜金属材料的标准参数。电特性包括与温度有关的电导率 $\sigma(T)$。$\sigma(T)$ 由下式给出：

$$\sigma(T) = \frac{10^9}{\rho_0 + \alpha(T - T_0)} \text{ s} \cdot \text{m}^{-1} \tag{9-10}$$

式中，$\rho_0 = 16.78$ n$\Omega \cdot$ m 是室温时（$T_0 = 300$ K）的电阻率；$\alpha = 0.004041$ n$\Omega \cdot$ m/K 是铜的电阻温度系数；T 为温度，单位为开尔文（K）。

在本仿真中用到的铜的热特性包括密度（8700 kg/m³）、比热（385 J $\cdot$ kg$^{-1} \cdot$ K^{-1}）及温度相关的热导率 k。根据 Wiedemann-Franz 定律，k 由下式给出：

$$k = \frac{LT}{\sigma(T)} \text{ W/m} \cdot \text{K} \tag{9-11}$$

式中，$L = 2.45 \times 10^{-8}$ V$^2 \cdot$ K^{-2} 是洛伦兹常数，$\sigma(T)$ 由式（9-10）给出。电导的单位为 1/$\Omega \rightarrow$S（西门子），电阻率的单位为 $\Omega \cdot$ m，电导率的单位为 $\Omega^{-1} \cdot$ m$^{-1} \Rightarrow$ S $\cdot$ m^{-1}。

对 a 型斑点，模拟仿真基于双音测试结果，如图 9-10 和图 9-11 所示。我们看到 3 阶互调信号行为与互作用模型所指出的一样，开始时随输入信号呈立方规律增加，然后，由于电阻的热变化而变得显著，PIM 随输入功率变化增加得更快。

9.5 互作用模型对多阶非线性行为的说明

考察式（9-4）的幂级数表示，可以看出多阶干扰行为的存在。图 9-13～图 9-15 示出了非线性电阻单独存在时的纯立方响应以及非线性电阻与线性电阻串联时的多阶行为比较的结果。图 9-13 中实线表示非线性单独电阻表征情形的理论结果，虚线表示互作用模型的预测结果，而小三角形表示 SMA 连接器的测量结果。非线性电阻单独存在（式（9-1））和非线性电阻与线性电阻串联（式（9-4））两种情况都是在双音激励条件下建模的。从两个高电平输入信号两侧的 3 阶互调 $2f_1 - f_2$ 和 $2f_2 - f_1$ 可以看出，非线性电阻的响应本身是纯立方性的（图 9-14）。然而，即使该模型中的电阻的非线性仍然假设为 3 阶，当这个非线性电阻与线性电阻串联时，线性与非线性相互作用的结果会产生大量的高阶互调产物（图 9-15）。

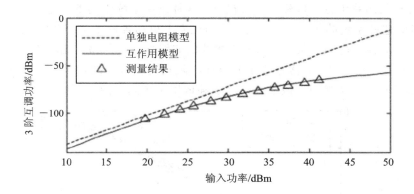

图 9 - 13 3 阶互调的功率依赖性

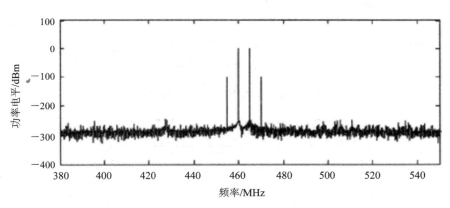

图 9 - 14 非线性电阻单独存在时的互调电流的频谱

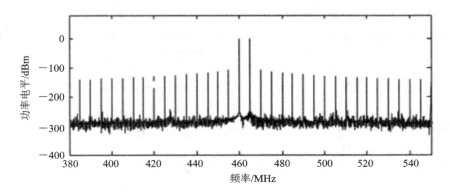

图 9 - 15 非线性电阻与线性电阻串联时的互调电流的频谱

对复杂的系统也可以建立这种模型，这种复杂系统中的器件包含记忆的影响，尽管这种系统的 $I-V$ 表达式在相当程度上更加含糊不清。例如，图 9-16 表示 3 阶非线性电阻表征的 SMA 连接器的非线性行为与微带谐振器的电容性耦合的结果(图 9-17)。无论表示非线性的阻抗与提取非线性模型中的参量 a_1 和 a_3 的条件有多大差别，该模型都能正确地用于预测无源互调失真。

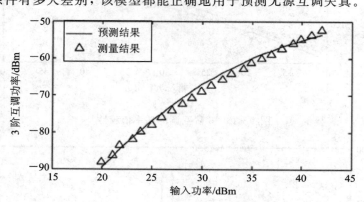

图 9-16 放在微波谐振器中的 SMA 连接器的非线性失真

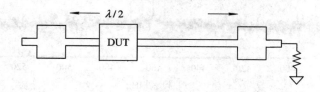

图 9-17 放在微波谐振器中的 SMA 连接器示意图

对于一定的同轴连接，在确定了 a_1 和 a_3 之后，由这些参数描述的非线性电阻对网络拓扑结构和测量的功率电平结果可进行精确建模(图 9-16、图 9-18 和图 9-19 所示)。另外，图 9-18 示出了双音情况下的 SMA 连接时的 3 阶到

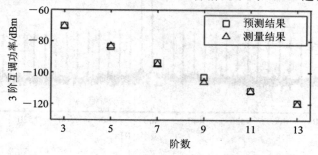

图 9-18 采用互作用模型的预测值曲线

13 阶互调产物的功率以及采用该模型预测的结果，显示出很好的一致性。仅利用 3 阶非线性电阻就能准确地预测高阶互调产物，是互作用模型的显著特点。这给了我们一个启示，本质上是多阶的非线性现象也许在微观层面或器件水平上的描述比想象的要简单得多。

　　考虑线性与非线性的相互作用似乎能够描述多个领域内的许多现象。反常的低于立方的 3 阶非线性产物的功率依赖性非常类似于其他系统（包括生物系统、声学系统和电子系统）的非线性失真行为。例如，哺乳动物的听觉系统的互调失真行为尚需合理解释。我们发现，在双音测试中，当一个信号的功率电平保持不变时，在一定的功率范围内，互调功率电平实际上随着另一信号的功率的增加而降低，相同的行为出现在 SMA 连接器上，这种有趣的降低现象也可由互作用模型进行预测（图 9 - 19）。考虑线性电阻与非线性电阻的相互作用提供了一个对测量数据进行建模的方法，图 9 - 19 的虚线表示非线性电阻为纯 3 阶非线性的情形，实线表示非线性电阻由 2 阶非线性和 3 阶非线性联合表征的情形。

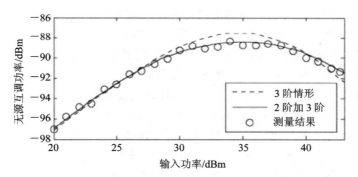

图 9 - 19　SMA 连接器中的非线性失真随输入功率的变化规律

　　另外要说明的是，互作用模型的预测精度还可由其他途径加以提高。例如，调整 R_{NL} 的非线性可以提高预测的准确性，给式（9 - 1）加一个非校正二次项就是一种简单易行的方法。

第十章

无源互调的测量方法

PIM 研究中的一个重要方向是 PIM 的测量问题。PIM 测量问题是 PIM 研究的基础，没有准确的测量，就无法给出较有意义的幅度预测，也无法确定系统容许哪一阶互调落入接收通带内，因此也就无法进行有效的频率分配和频谱管理。然而，由于产生 PIM 的因素很多，在大功率的情况下，一般无法通过设计手段准确获得 PIM 产物的功率电平数值。因此，最可靠的方法是进行测量，通过测量判断 PIM 产物的电平是否达到了指标的要求。

无源互调的测量方法从原理上说与有源互调的测量方法类似，但也有其自身特点：① 无源互调的测量是大功率测量问题，一般需以高于工作功率电平 2～4 倍的功率进行测量，微波功率达到上百瓦甚至几千瓦。② 无源互调一般来说电平非常低，对测量系统灵敏度的要求也很高。③ 无源互调与环境温度有关，随时间发生变化，所以需要进行长时间的温度循环实验。④ 不但要对微波部件进行无源互调测量，还要对天线和整个系统进行测量。例如对整个卫星通信系统进行测量。⑤ 无源互调的测量设施与频率和带宽的相关性很强，测量系统难以通用，一般需要根据不同的测试目标进行专门研制。⑥ 无源互调测量系统的组成部件本身必须是高性能大功率低无源互调的，所以测试系统部件的研制和鉴定难度很大。

10.1 无源互调测量方法概要

根据不同的测试需求，PIM 测量方法主要有五种，即直通测量法、反射测量法、辐射测量法、再辐射测量法和整星级测量法。下面我们分别作简要介绍。

1. 直通测量法

直通测量法是 PIM 测量的基本方法，其特点是简单、直观、容易实现。直通测量法的测试框图如图 10 - 1 所示。频率分别为 f_1 和 f_2 的两路基本信号由频综信号源产生，并由行波管放大器放大，两个定向耦合器用于对基本信号进行连续监测。两个基本信号在带通滤波器的输出端合成之后送往测试样品。基本信号经过被测样品后产生互调信号 f_{IM}，再经过第二个合成器将信号分为两路：右侧分路的输出带通滤波器和频谱分析仪均被调谐到待测的互调频率上；左侧通道是用仿真负载吸收注入系统的总的射频功率。

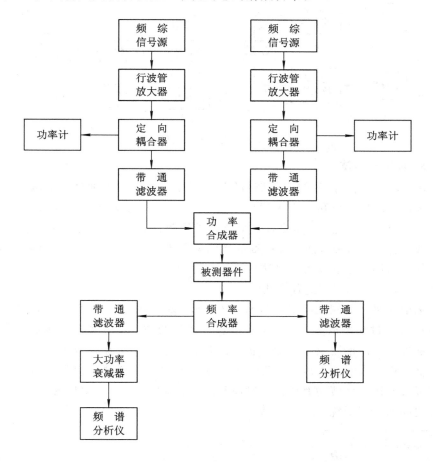

图 10-1 直通测量法测试框图

直通测量方法只能测量一些两端口且 PIM 电平较高的器件，无法对辐射部件的 PIM 进行测量。

2. 反射测量法

反射测量法用于测量非辐射的单端口和多端口微波部件和天线馈源部分，如波束形成网络、滤波器和双工器、传输线、同轴电缆、同轴接头、隔离器和高功率负载等。无源互调的温度循环测试可采用标准的实验室用温箱。该方法在测试时不需要其他特殊的设施。反射测量法是测量一般器件的 PIM 性能常用的一种方法，与直通测量法相比较，它的特点是能够测量带有馈源的部件。反射测量法的测试框图如图 10 - 2 所示。

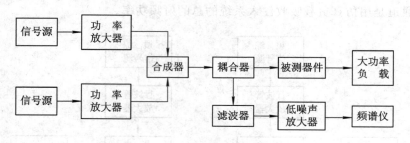

图 10 - 2　反射测量法测试框图

3. 辐射测量法

辐射测量法用于测量辐射部件的 PIM 产物。这些辐射部件包括喇叭天线、振子天线、螺旋天线和微带天线以及安装了主馈源的反射面天线和阵列天线等。在这种测量系统中，需要有一个能够进行热循环的吸波室，同时还需要接收天线作探头。这种方法对于一般的无辐射部件来说没有意义。辐射测量法精度不如直通测量法和反射测量法的精度高，而且也不经济。因此，在测量无辐射部件时，一般不采用这种方法。

辐射测量法的测试框图如图 10 - 3 所示。两个基本信号源产生两个频率不同的信号经过功率放大器放大，再经过合成器合成，然后送入被测辐射器件，被测器件产生的谐波及互调信号被天线探针接收，送到滤波器滤出互调信号，再经低噪声放大器放大后，由调谐于待测互调频率的频谱仪检测其功率电平。屏蔽吸波室用于屏蔽功率放大器对被测器件的辐射干扰，隔离屏蔽吸波室内外装置之间的互相干扰。

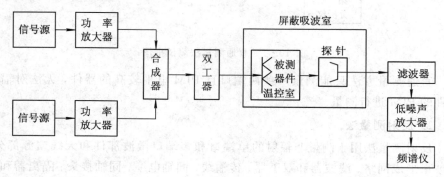

图 10 - 3　辐射测量法测试框图

4. 再辐射测量法

再辐射测量法用于测量在开放区域被射频信号辐射的部件产生的无源互调，在这种测量系统中，需要特殊的热循环室和吸波室，还需要一个天线探针。该方法可测量天线反射面、反射面表面的测试样品、天线支承结构、反射面支持杆、天线热保护硬件（热毡）、飞行器结构、推进器等所产生的 PIM 产物。测量时还需要对无源互调测试所需的热循环室和吸波室进行鉴定。由于在测量中需要特殊的设备，因此，一般部件不用这种测量方法。再辐射测量法的无源互调测试系统构成可参见辐射测量法测试框图（图 10 − 3），部件再辐射式无源互调测试原理示意图如图 10 − 4 所示。

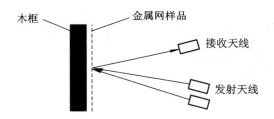

图 10 − 4　部件再辐射式无源互调测试原理示意图

5. 整星级测量法

测量整星级产生的无源互调，主要是为了在有效载荷或平台上发现无源互调的位置，并排除故障。其测量装置需要天线探针。这种方法是卫星研制中必须使用的一种测量方法，它可以对卫星的总体 PIM 指标进行测量，这样才能够对卫星的工作情况有所了解。但是这种方法与再辐射测量法类似，测试中需要多种专用设备，因此，对于部件级测量一般不用这种方法。其测试框图如图 10 − 5 所示。

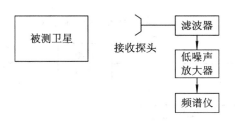

图 10 − 5　整星级测量法测试示意图

　　根据被测部件有无辐射，可将 PIM 测量系统分为两大类，即无辐射测量系统和辐射测量系统。它们的基本构造如图 10－6、图 10－7、图 10－8 所示。无辐射测量系统用于对诸如金属、连接器、电缆、波导部件和滤波器中的非线性材料的测量，这些材料没有能量向外辐射，通常将测量装置放入屏蔽室或实验室内，并以匹配负载作为终端。辐射测量系统用于对辐射部件（如馈电装置、天线的大型构件等）的测量，测量装置往往处于消声室内或室外环境中。在两类不同的测量系统中，无辐射测量系统更为常用，因为用户容易对测试参量和系统环境进行控制。相比之下，辐射测量系统易受本地环境的干扰。然而对某些实际测量来说，辐射测量系统却是必不可少的。

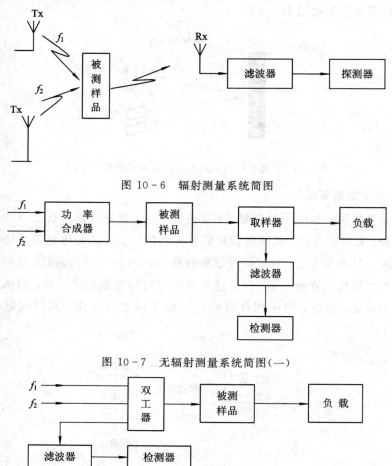

图 10－6　辐射测量系统简图

图 10－7　无辐射测量系统简图（一）

图 10－8　无辐射测量系统简图（二）

10.2　无源互调测量系统的设计考虑

以下对 PIM 测量系统的设计提出一些初步的设想和改进措施。

（1）对两个信号发生器和功率计实行计算机控制，提高测量系统的自动化程度。

（2）在系统中增加一个补偿单元，用于降低残余 PIM 电平，即测量系统所产生的互调副产品。在该单元中采用混频器以产生新的互调信号，用其幅度和相位的变化消除残余 PIM 产物；或者在测试室的输入端加陷波滤波器，使其调谐于残余 PIM 信号频率处，也可降低残余 PIM 电平。

（3）在无辐射测量系统中，等效线性负载用来吸收传输功率，不应产生明显的 PIM 产物。普通应用场合的负载不能用于 PIM 测量系统，因为对用于 PIM 测量的负载的线性要求很高，另外还必须考虑额定功率、屏蔽、衰减、价格、重量和体积等多种因素。实验表明，分布负载比集总负载的线性好，长同轴电缆比集总与分布负载的组合的线性好。如果价格不是重要因素，那么双屏蔽镀银 RG-214U 同轴电缆是一个很好的选择。

（4）理想情况下，功率合成器和取样器必须满足低插入损耗、高端口隔离、低的端口电压驻波比、良好的线性、足够宽的频带、高额定功率和低廉的价格等条件。实际上，要同时满足以上所有条件是非常困难的，其中线性当然是最重要的因素，因为它在放大器中能够很好地阻止 PIM 的产生。功率合成和信号取样通常有以下三种方式，而在实际应用中可根据不同的测试要求灵活选用：

① 采用一个 T 形接头和两个 1/4 波长的同轴电缆是一个简单而廉价的方法，但这种方式对电缆长度要求苛刻。为了取得最大程度的信号隔离，必须仔细设计。

② 使用一个双工器同时合成信号和取样信号。这种方法因其昂贵的费用而不常被采用。

③ 采用不同耦合度的定向耦合器。这种方法因其隔离度高、频带宽、使用频段广而较受欢迎，但其缺点是信号合成器存在 3 dB 的损耗。

（5）测试室对于不能直接与测量系统连接的被测样品来说是必不可少的。因为反射能量会直接影响敏感器件的性能，所以应尽量使测试室与系统的特性阻抗相匹配。经验告诉我们，测试室输入端口的电压驻波比为 1.5 时，就可改变 PIM 电平达 10 dB 之多。实验指出，匹配性能是样品形状和输入信号频率间隔的函数，样品与连接器接口处能量的平滑传输对保证连续匹配的作用很大。另外，测试室应适用于各种不同样品的安放。

（6）为了方便检测，并取得高选择性和高灵敏度及大动态范围，可以采用测试接收机代替频谱分析仪，用计算机控制接收机并处理数据，使重复测量得以简化。

（7）对于高低功率装置应有良好的隔离措施。

根据以上设计考虑及改进措施，我们可以设计和建立一个如图 10 - 9 所示的实验室 PIM 测量系统。图中的补偿单元是为了抑制被测器件之前的测量装置所产生的互调产物（残余互调产物）。对于 PIM 测量系统而言，首先测量装置本身应该是低互调的。但是，测量装置本身产生互调产物又是不可避免的，因此，增加补偿单元来消除这种 PIM 产物。补偿单元的工作原理是：混频器产生新的互调信号，可变衰减器可以调节该互调信号的幅度，相移器用于改变该信号的相位。适当调节可变衰减器的衰减量和相移器的相移量，总可以产生与残余互调信号等幅反相的信号，从而消除残余 PIM 产物。

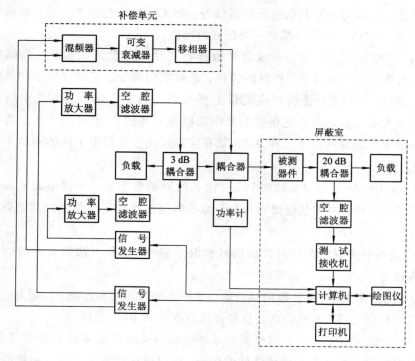

图 10 - 9　实验室 PIM 测量系统

10.3　反射面天线无源互调产物的微波成像测量法

如图 10 - 10 所示的实验系统，可以对微波反射器的 PIM 源成像，这里以偏馈抛物面反射器为研究对象，用两个频率分别为 7.2 GHz 和 7.7 GHz 的信号源照射偏馈抛物面。幅、相接收机被锁定在 3 阶互调频率 8.2 GHz 上，该互调信号由安装在波导支架中的二极管产生，它从待测反射器或其附近的参考喇叭中获取能量。装在反射面上的小喇叭用于产生参考 PIM 信号。$X - Y$ 平面扫描仪用于获得幅度、相位数据。利用该测量系统，可以对偏馈抛物面反射器中的金属-金属接头和反射器面板产生的 PIM 进行成像。

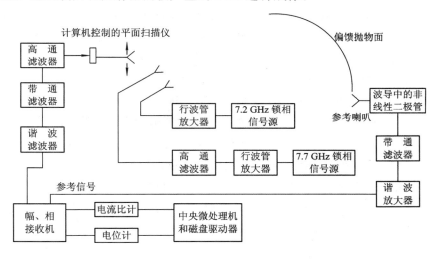

图 10 - 10　微波成像法测量反射面天线的无源互调的实验框图

为了测量面板的互调产物，用 7.2 GHz 和 7.7 GHz 的两个馈源照射面板，而在8.2 GHz频率处测量 PIM 产物。初步扫描表明，每个信号源的功率密度最小应为 20 mW/cm^2，才能从金属-金属接头诱发出成像能被分辨的 PIM 产物。采用两个功率为 16 W 的行波管放大器，在较小区域照射面板，通过图像叠加的方法可从整体上解释面板产生的 PIM 产物。实验中，在面板边缘可以清晰地分辨出 PIM 产生源。如果照射功率足够大，就可以在较大范围内对面板进行高分辨扫描。

由于 PIM 信号功率通常比馈电参考信号的功率低得多，所以有必要对反射面附近区域进行近场测量。对反射面上任意位置测量的所有数据点进行综合分析，使得重建反射面表面的复杂电磁场成为可能。由于天线屏蔽罩的存在会使测量数据比实际数据小，所以可将探头安装在支承结构的屏蔽罩之内，这样可以减小甚至消除屏蔽罩对测量结果的影响。

反射面板产生的 PIM 受到信号照射功率的制约。照射功率越大，每次可测量的面积就越大。增加 PIM 电平可以改善数据的信噪比。

这种测量方法也存在一定的局限性：① 大面积多次扫描测量特别费时；② 测量低电平 PIM 时产生"噪声"成像；③ 有些部位(如微波吸收器的面板底部边缘)检测不到PIM 源。

10.4　无源互调测量的不确定度

测量系统本身或者测量环境中都可能产生非线性因素，这些非线性就可能给系统带来干扰从而产生误差，影响系统测量精度。我们把这些因素给测量带来的影响程度用测量不确定度来描述。下面对其进行分析讨论。

系统的残余互调和负载反射是造成测量不确定度的两个重要原因。所以，无源互调测量系统通常用这两个参数来表征。这里，残余互调指的是系统自身的最大 PIM 功率电平；由于虚拟负载的匹配性能随频率的降低而降低，当系统中的载波频率较低时，虚拟负载会产生阻抗失配，从而引起反射，这种反射称为负载反射。系统的残余互调和负载反射对测量系统准确度的影响很大，因为它们很可能与被测器件的 PIM 产生线性组合。根据系统的残余互调和负载反射与被测器件的 PIM 功率电平之差，我们可以估计出测量数据的误差范围。

在所有因素中，影响测量不确定度的五个重要因素是：

(1) 输入功率的变化；

(2) 虚拟负载对载波的反射；

(3) 双工器对载波的二次反射；

(4) 虚拟负载对正向 PIM 产物的反射；

(5) 系统的残余互调。

上述五种因素所带来的测量不确度可由下式表示：

$$\text{RSS} = \sqrt{(\delta P_{\text{in}})^2 + (\delta P_1^-)^2 + (\delta P_d)^2 + (\delta P_1^+)^2 + (\delta P_r)^2}$$

式中，δP_{in} 为输入功率的不确定度，δP_1^- 为虚拟负载对载波的反射的不确定度，δP_d 为双工器对载波二次反射的不确定度，δP_1^+ 为虚拟负载对正向 PIM 产物的反射的不确定度，δP_r 为系统残余互调的不确定度。

下面来分析这五种因素。输入功率随频率而变化，其原因是系统使用离散步长衰减器来控制输入功率。经过测量，例如，在一次测量中发现，在输入频率范围 935～960 MHz 内，载波的输出功率变化±0.2 dB。虚拟负载对载波的反射与双工器对载波的二次反射会在测量装置中引起驻波，从而影响测量的准确度。当我们改变频率观测 PIM 时，虚拟负载和双工器端口反射系数的变化，引起总输入功率的不确定度为±1.2 dB。前三个原因对不确定度的影响通过混合过程会得到放大。正向 PIM 通过虚拟负载的反射和残余互调源都可以对频谱分析仪中的反向 PIM 信号形成干扰。这种干扰产生的 3 阶 PIM 不确定度为±2.1 dB。

　　实验还发现每种不确定度对频率的变化都很敏感，然而，在一个性能优良的测量系统中，各种因素的总体影响给测量系统带来的不确定度应小于 3.5 dB。

第十一章
移动通信系统的无源互调分析

  移动通信是通信双方至少有一方在运动中进行信息交换的通信方式，它几乎集中了有线和无线通信的最新技术，不仅可以传送语音信息，而且具有类似于公用电话交换网中的数据中断功能，它可使用户随时随地快速、可靠地进行多种信息交换。在现代移动通信网络中，一般通过一副发射天线发射几个频道（每个频道的功率为几瓦到数十瓦之间），发射天线或者同时作为接收天线使用（双工工作状态），或者至少位于某个接收天线附近，因此，必须特别谨慎，确保接收通道不受发射通道的影响。乍一看，似乎不可能出现问题，因为各自的通道严格地相互隔离。然而，由于天线系统中器件的非线性电阻的存在，在一定时期内几个载波通道的电流同时流过这样的电阻，可能很快以混合产物的形式形成干扰，这样的干扰信号或者直接到达接收通道，或者通过发射天线到达接收天线。例如，若输入放大器的灵敏度高达 $1\ \mu\text{V}$，比功率为 $20\ \text{W}$ 的发射机低 $150\ \text{dB}$ 的干扰信号就足以引起一个或多个接收通道失灵。随着移动通信网络和移动通信基站的日益增多，空中各种频率成分日趋复杂，它们之间相互叠加、混合，若同一地区几个通信网之间的频率满足一定条件，将对通信系统形成干扰。由于通过移动通信系统的有限带宽内的语音和数据信息量的不断增加，所以无源互调失真已成为限制系统容量的重要因素。

  无源互调的负面影响使蜂窝式数字无线通信和个人通信系统存在一种潜在危险。当无源互调信号落入基站接收通带内（即上行线路）时，会降低接收机的灵敏度，导致呼叫质量降低或使系统的载波与干扰信号比下降，进而使通信系统容量减小。当两个或两个以上频率同时存在时，基站大功率发射通道上的各种部件和子系统都可能产生无源互调失真。

  奇数阶无源互调通常最容易出现在移动通信中，因为它们最有可能落入移动通信基站的接收通带内，在接收机中产生射频干扰。虽然在频率设计方案中可以尽量设法使设备免受此类问题的侵害，但是，当两个或两个以上的收发两用机共同放在同一区域时，无源互调干扰的可能性和危险性大大增加。由于基站对大功率发射功率的要求，所以在这种情况下，许多移动通信系统（如

PCS1900、AMPS、GSM、DC1800)使用的同轴连接器(如 N 型和 DIN7 - 16 型连接器)中的非线性变得明显,并且可以检测到,同轴连接器是移动通信系统中的无源互调的主要根源之一。在美国,N 型连接器在基站设备中已有多年的使用历史,而 DIN7 - 16 的使用也呈上升趋势。已有报导证实,在减小 PIM 方面,DIN7 - 16 型连接器比 N 型连接器有所改进,N 型连接器电缆在大多数频率处的 3 阶互调产物电平均在－70 dBm 范围内,比最坏的 DIN7 - 16 连接器电缆还要高出 10 dBm。

PIM 失真由许多因素造成,这些因素包括低质量的机械连接、射频通道上导体的铁磁成分和导电表面的污染等。由于准确预测一个器件的 PIM 电平非常困难,所以通常用测量数据表征器件的互调特性;又由于 PIM 性能可随器件制造工艺中微小变化而明显改变,所以有些制造商对基站使用的器件实行全程监控,以确保 PIM 电平满足规格要求。

11.1　用于电缆装置的 3 阶 PIM 点源模型

在移动通信系统中,3 阶互调有着十分重要的意义,它是互调失真的主要组成部分。而在决定无源互调的诸多因素中,由电缆产生的互调占有很大比重,所以弄清楚电缆组件内 PIM 失真的方向性及其对频率的依赖关系,对移动通信基站中使用的电缆组件的正确鉴定和合理使用至关重要。经验告诉我们,互调产物主要来源于器件和电缆装置内部的点源。下面介绍两种点源模型来描述电缆装置的 3 阶 PIM 特性。

11.1.1　基于传输函数的点源模型

在基于传输函数的点源模型中,假设电缆组件中产生 PIM 的部位仅在连接器处。这就是说,电缆自身相对于连接器来说不产生明显的 PIM,但是要考虑信号通过电缆传输时的损耗和群延迟,这可由图 11 - 1 中的传输函数 $H(\omega)$ 表示。电缆连接器的 PIM 响应由 PIM_a 和 PIM_b 表示,假设 PIM 在每个连接器的单点产生,还假设产生的 PIM 从发生点出发沿两个方向以相等的强度传播。

模型图(图 11 - 1)的左端是端口"1",在此端口将两个信号注入到电缆组件中,这两个信号分别用矢量 $\boldsymbol{A}_1$ 和 $\boldsymbol{A}_2$ 表示。PIM 测量装置本身对 PIM 的测量也有贡献,这个贡献用矢量 $\boldsymbol{IM}_1$ 表示,它也从源出发向两个方向传播。假设端口"1"的 PIM 响应与电缆终端"a"的 IM 响应同位置,两个 PIM 源之间的电距离可忽略不计。模型图的右端是端口"2",该端口也产生少量的 PIM 能量(用 $\boldsymbol{IM}_2$

表示）。所有这些假设都是对端口"1"而言的，同样适用于端口"2"。

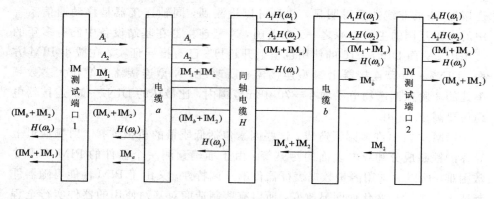

图 11-1　电缆组件无源互调的直通响应和反射响应模型

在测量电缆组件的 PIM 时，有以下注意事项值得一提：

（1）每个测试口有 4 个入射的 PIM 响应，其中两个来自连接器终端，两个来自 PIM 分析仪。

（2）电缆终端"b"的 PIM 响应和端口"2"的 PIM 响应必须通过电缆传输回来，以便对测量得到的端口"1"的反射响应起作用。

（3）电缆终端"a"的 PIM 响应必须通过电缆传输，以便对端口"2"测量的直通 PIM 响应起作用。

虽然从一个给定的射频器件或部件预测 PIM 电平的绝对值相当困难，但是，由模拟很容易表征各个 PIM 的相互作用。计算前，先列出每个 PIM 源的 3 阶响应方程。从端口"1"和电缆终端"a"开始，PIM 响应由下式给出：

$$\mathrm{PIM}_1 = \sigma_1 \exp(2j\omega_1 - j\omega_2 t) = \sigma_1 \exp(j\omega_3 t)$$

$$\mathrm{PIM}_a = \sigma_a \exp(2j\omega_1 - j\omega_2 t) = \sigma_a \exp(j\omega_3 t)$$

这里，

$\omega_3 = 2\omega_2 - \omega_1$——3 阶 PIM 角频率；

PIM_1——端口"1"的 3 阶 PIM 响应；

PIM_a——端口"a"的 3 阶 PIM 响应；

σ_1——端口"1"的 PIM 系数，是端口"1"的 dBc 响应的数值转换；

σ_a——端口"a"的 PIM 系数，是端口"a"的 dBc 响应的数值转换；

ω_1——载波"1"的角频率；

ω_2——载波"2"的角频率。

电缆终端"b"和端口"2"的 PIM 响应较为复杂一些。这些响应是由两个载波通过传输函数 $H(\omega)$ 之后产生的。为了简化所得方程，并消除相对于载波的

PIM 产物的非线性功率的依赖性，假设电缆是无耗的。该假设的数学表示可以写成

$$|H(\omega)| = 1 \qquad (11-1)$$

后面可以看到，该假设对模型的精度影响很明显。尽管假设电缆无耗，但是电缆的群延迟必须考虑在内，即

$$H(\omega) = \exp\left(-\frac{\mathrm{j}\omega L}{v}\right) = \exp(-\mathrm{j}kL) \qquad (11-2)$$

式中，$k = 2\pi/\lambda$ 是与通过电缆的信号频率有关的波数；v 是同轴电缆中波的传播速度；L 是电缆长度。

电缆终端"b"和端口"2"的 PIM 响应可表示为

$$\begin{aligned}
\mathrm{PIM}_b &= \sigma_b \exp[2\mathrm{j}(\omega_1 t - k_1 L)] \cdot \exp[-\mathrm{j}(\omega_2 t - k_2 L)] \\
&= \sigma_b \exp[2\mathrm{j}(\omega_3 t - k_3 L)] \\
\mathrm{PIM}_2 &= \sigma_2 \exp[2\mathrm{j}(\omega_1 t - k_1 L)] \cdot \exp[-\mathrm{j}(\omega_2 t - k_2 L)] \\
&= \sigma_2 \exp[2\mathrm{j}(\omega_3 t - k_3 L)]
\end{aligned} \qquad (11-3)$$

根据 PIM_a、PIM_1、PIM_b、PIM_2 的表达式，可得直通端口"2"的 PIM 表达式为

$$\begin{aligned}
\mathrm{PIM}_2(\text{直通}) &= H(\omega) \cdot (\mathrm{PIM}_a + \mathrm{PIM}_1) + \mathrm{PIM}_b + \mathrm{PIM}_2 \\
&= \exp(-\mathrm{j}kL) \cdot [\sigma_a \exp(\mathrm{j}\omega_3 t) + \sigma_1 \exp(\mathrm{j}\omega_3 t)] \\
&\quad + \sigma_b \exp[\mathrm{j}(\omega_3 t - k_3 L)] + \sigma_2 \exp[\mathrm{j}(\omega_3 t - k_3 L)] \\
&= (\sigma_1 + \sigma_a + \sigma_b + \sigma_2) \cdot \exp[\mathrm{j}(\omega_3 t - k_3 L)] \qquad (11-4)
\end{aligned}$$

此式表明，所有四个 PIM 信号同相到达 PIM 测量装置的端口"2"，与 PIM 频率无关。假设所有 PIM 源与频率无关，电缆损耗对频率来说为常数，可以认为整个电缆的直通 PIM 响应与频率无关。

类似过程可以表征反射响应。反射响应可表示为

$$\begin{aligned}
\mathrm{PIM}_1(\text{反射}) &= \mathrm{PIM}_a + \mathrm{PIM}_1 + H(\omega) \cdot (\mathrm{PIM}_b + \mathrm{PIM}_2) \\
&= \sigma_a \exp(\mathrm{j}\omega_3 t) + \sigma_1 \exp(\mathrm{j}\omega_3 t) + \exp(-\mathrm{j}k_3 L) \\
&\quad \cdot \{\sigma_b \exp[\mathrm{j}(\omega_3 t - k_3 L)] + \sigma_2 \exp[\mathrm{j}(\omega_3 t - k_3 L)]\} \\
&= [\sigma_1 + \sigma_a + (\sigma_b + \sigma_2)\exp(-2\mathrm{j}k_3 L)] \cdot \exp[\mathrm{j}(\omega_3 t)]
\end{aligned}$$

$$(11-5)$$

此式表明，端口"1"的反射 PIM 响应是端口"1"和负载终端"a"的 PIM 响应与电缆终端"b"和端口"2"的 PIM 响应之和的相移响应的合成。由于不同相位的 PIM 源的矢量合成，所以认为反射 PIM 响应是频率和电缆组件的电长度的函数。

实验表明，这种模型尽管较为简单，但是可以正确预测电缆的直通和反射的整体行为，模型估算值与测量值之间仅有微小差别。对实际测量结果，结合

此模型特做以下说明：

（1）如果电缆具有低损耗，认为每个电缆的终端的 PIM 相似，那么测量的直通 PIM 响应值比任意一个电缆终端的典型值高出－6 dB，这些在多数情况下与频率无关。这个响应就是直通或反射测量中产生的 PIM 响应的最大值或接近最大值。

（2）对相同的低耗电缆进行 PIM 测量，发现测量的 PIM 电平随 PIM 频率变化。结果，单频反射 PIM 测量可能并不表示 PIM 失真对系统特性的真实影响。

（3）适当选取电缆长度可使各 PIM 源之间产生相消干涉，起到降低整个系统的 PIM 响应的作用。这个特性的实际用途在于：在选定工作频率的情况下，基站在"高频高压点源屏蔽罩内"的发射机插座与分隔面板之间选择跳接电缆长度。

（4）长电缆终端产生的大幅度 PIM 响应可能与来自另一终端的低 PIM 响应结合，产生对频率依赖性很大的反射 PIM 响应。基站中有缺陷的天线、设计不良的天线、湿度增大的电缆均会产生强 PIM 信号，都可能产生符合上述条件的大幅度 PIM 响应。

（5）当同轴电缆温度发生变化时（如电缆存在损耗或受到阳光直射时），电缆的电长度会发生变化。较小的速度因子能引起较大的幅度变化。当电缆长度改变时，基站双工器接收端出现的 PIM 电平发生变化，这是多个 PIM 源之间的相位变化所致。因此，PIM 电平随温度变化能引起基站容量的变化。

值得注意的是，该模型不仅可以估算射频电缆组件的 PIM 特性，而且可以推广到估算任意二端口器件的 PIM 特性。定义 $H(\omega)$ 为器件的传输函数后，可以确定由双工器、滤波器或与天线相关的任意二端口器件的 PIM 特性。

11.1.2 基于信号流图的点源模型

描述电缆内 3 阶 PIM 失真的另一个模型是基于信号流图的点源模型，这种简化模型适用于有耗电缆和其他任意二端口器件模型中计及终端负载的反射时的 3 阶无源互调分析。图 11－2 表示基于信号流图法的 3 阶 PIM 点源模型，其中体现了反射测量的概念，PIM 分析仪用于检测返回功率的传输端口的互调。这种模型需要三个信号流图，其中两个信号流图是关于发射频带（下行线路）内的两个频率源，另一个信号流图是关于接收频带（上行线路）内的 3 阶 PIM 频率。假设 PIM 失真仅产生于电缆连接器处，PIM3_1 和 PIM3_2 分别表示电缆的端口"1"和端口"2"的 PIM 功率，该处的连接器对 PIM 有贡献。图 11－2(c)表示产生 PIM 的 3 阶 PIM 频率。电缆的 S 参数和负载的反射系数的上标表示要考虑的频率变量。

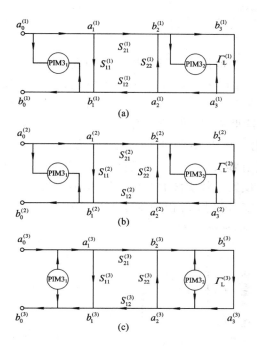

图 11 - 2　基于信号流图法的 3 阶 PIM 点源模型

采用信号流图分析法可求出输出功率：

$$b_0^{(3)} = (1 + S_{11}^{(3)})\text{PIM3}_1 + \frac{S_{21}^{(3)} S_{12}^{(3)} \Gamma_L^{(3)} \text{PIM3}_1 + S_{12}^{(3)} (1 + \Gamma_L^{(3)})\text{PIM3}_2}{1 - S_{22}^{(3)} \Gamma_L^{(3)}}$$

$$(11 - 6)$$

3 阶 PIM 处的输出功率是两个 PIM 产物 PIM3_1 和 PIM3_2 以及电缆 S 参数 $S_{ij}^{(3)}$ 的函数，也是负载反射系数 $\Gamma_L^{(3)}$ 的函数。注意，式(11 - 6)中的所有量均为复数。如果引进一定假设，式(11 - 6)还可进一步简化。例如，如果电缆长度为零，且无反射，而且负载为理想负载，那么式(11 - 6)简化为

$$b_0^{(3)} = \text{PIM3}_1 + \text{PIM3}_2 \qquad (11 - 7)$$

式中，输出功率仅为两个 PIM 产物之和。如果电缆长度为零且无反射，但是存在失配负载产生的反射，那么式(11 - 6)变为

$$b_0^{(3)} = (1 + \Gamma_L^{(3)})\text{PIM3}_1 + (1 + \Gamma_L^{(3)})\text{PIM3}_2 \qquad (11 - 8)$$

最后，如果假设负载为理想负载，电缆具有非零长度且有反射，则式(11 - 6)变为

$$b_0^{(3)} = (1 + S_{11}^{(3)})\text{PIM3}_1 + S_{12}^{(3)} \text{PIM3}_2 \qquad (11 - 9)$$

为了说明如何用此模型及其简化形式预测 PIM 性能，使用典型电缆的 S

参数测量值和低 PIM 终端负载，估算任意输入大小均为 -100 dBm 时的 PIM3$_1$ 和 PIM3$_2$。

首先比较两种零长度简化情形：式(11-7)表示电缆具有零长度、无反射且为理想负载的情形(情形 A)；式(11-8)中的电缆具有零长度、无反射且为非理想负载(情形 B)。图 11-3 示出了这两种情形时 3 阶互调响应与频率之间的关系曲线。与预期的结果相同，对于具有零长度、无反射且为理想负载的情形，$b_0^{(3)}$ 不随频率变化，其大小等于两个大小为 -100 dBm 的信号之和，即 -97 dBm；对于具有零长度、无反射但负载有些失配的情形，$b_0^{(3)}$ 随频率变化，其变化趋势与负载反射系数实部的变化趋势相同(如图 11-4 所示)。当输出反射系数大约变化 -25 dB 时，输出功率变化 0.3 dBm。

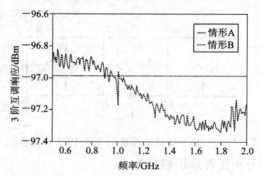

图 11-3　情形 A 和 B 时的 3 阶互调响应与频率之间的关系曲线

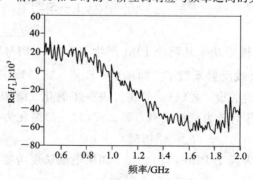

图 11-4　测量的低 PIM 负载反射系数实部

其次讨论两种非零长度的情形：式(11-6)表示一般模型，即非零长度、有反射且非理想负载的电缆模型(情形 C)；式(11-9)表示非零长度、有反射但理想负载的电缆模型(情形 D)。与零长度情形进行比较，可以看出结果大不相同。在这两种情形中，3 阶 PIM 响应具有若干零点，这是由于电缆相位常数的影响，使得两个 PIM 源在很大程度上相互抵消，形成深衰落。这一点应特别注意，因为如果仅在这些零点对应的频率处测量 PIM，那么很可能会低估电缆中的 PIM 值。图 11-5 示出了这四种情形下的 3 阶互调响应与频率之间的关系曲线。

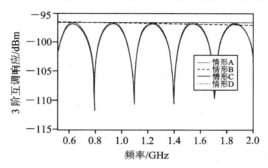

图 11-5　四种情形下的 3 阶互调响应与频率之间的关系曲线

11.2　移动通信基站天线的无源互调特性

在现代移动通信系统中，一副天线可能承担着好几个频道的发射和接收任务，每个频道的功率范围可能高达数瓦或数十瓦。在天线系统中，接触、结点、接口或具有非线性电压电流导电特性的器件的存在，都会引起系统性能的下降，因为多个载波通道的电流可以同时流过这些结点或器件，由于这些载波的混频作用，会产生新的不期望的互调频率成分，这些信号可能到达接收通道形成干扰。

移动通信天线中的 PIM 干扰来源于天线中无源器件的非线性，原则上，天线中有两种主要类型的非线性：① 接触非线性（松动、氧化、污染的金属连接接头就是典型的例子）；② 材料非线性（大块材料，如铁磁成分、碳纤维和柯伐材料，表现出非线性电压电流特性）。

具体来讲，天线中引起 PIM 干扰的因素主要有下列几个：① 通过分离导体和金属接触的薄氧化层的电子隧道效应；② 金属结构中的微狭缝和砂眼的微放电；③ 与金属表面污染物和金属粒子相关的非线性；④ 碳纤维的非线性电阻系数；⑤ 铁磁材料的非线性磁滞回线；⑥ 接头处的腐蚀和生锈。

这里特别对广泛使用于移动基站的多路耦合器中的铝制材料的腐蚀过程作简要描述。铝是非常活泼的金属，很易氧化，在很大程度上对腐蚀的抵抗力很强，这主要缘于其表面形成的具有保护作用的很薄的一层氧化膜，这层氧化膜附着在其表面且看不见。但是，当铝在适当的电解质内与其他金属连接时，在潮湿气体和潮湿空气情况下电势差引起电流产生严重腐蚀，这样铝变为铝盐，更易溶于水。在强电解质溶液（比如盐水）情况下，电阻很低，腐蚀最为严重。

在有些情况下，暴露于具有侵蚀性的空气中的结构表面的湿度引起电流腐蚀。由于与金属接口的腐蚀有关的导电机理可能是高度非线性的，所以当多个正弦信号通过时会产生无源互调。

假设非线性无源器件由两个非调制信号激励，那么其输入电压可表示为

$$V_{in} = V_1 \cos(2\pi f_1 t) + V_2 \cos(2\pi f_2 t) \qquad (11-10)$$

式中，V_1 和 V_2 是基本信号的幅度，f_1 和 f_2 为各自的频率。

如果非线性器件的传递函数可以由 n 阶多项式幂级数表示，那么下式成立：

$$V_{out} = K_1 V_{in} + K_2 V_{in}^2 + K_3 V_{in}^3 + \cdots \qquad (11-11)$$

式中，V_{out} 是输出电压，K_i 为与非线性器件的特性有关的系数。然后，将式(11-10)代入式(11-11)，并解出 V_{out} 的互调和谐波分量，得到频率为 $2f_1 - f_2$ 的 3 阶 PIM 产物和频率为 $3f_1 - 2f_2$ 的 5 阶 PIM 产物的电压分别为

$$V_{PIM3} \approx \frac{3}{4} K_3 V_1^2 V_2 \cos 2\pi (2f_1 - f_2) t \qquad (11-12)$$

$$V_{PIM5} \approx \frac{5}{8} K_5 V_1^3 V_2^2 \cos 2\pi (3f_1 - 2f_2) t \qquad (11-13)$$

天线的 PIM 特性的一个重要方面是 PIM 功率电平对输入载波功率电平的依赖性，由 PIM 功率电平对输入载波功率电平的曲线可表示非线性的强弱程度，将上式写为输出 PIM 功率与输入载波的关系，得

$$P_{PIM3} \sim P_1^2 P_2 \qquad (11-14)$$

$$P_{PIM5} \sim P_1^3 P_2^2 \qquad (11-15)$$

式中，$P_1 \sim V_1^2$、$P_2 \sim V_2^2$ 分别是频率为 f_1 和 f_2 的输入载波的功率，P_{PIM3} 和 P_{PIM5} 是输出的 PIM 功率。另外，在 P_{PIM3} 和 P_{PIM5} 中分别忽略了与 K_5 和 K_7 以后的系数有关的高阶项，因为 PIM 幅度值的主要贡献者是各式中的第一项。(11-14)、(11-15)两式意味着 PIM 功率（以 dBm 为单位）以不同的斜率上升。以 3 阶互调为例，如果相应的输入功率 P_1 或 P_2 中有一个为常数，而另一个发生变化，那么 P_{PIM3} 对输入功率曲线的斜率为 1 dB/dB 和 2 dB/dB；如果 P_1 和 P_2 都变化，且 $P_1 = P_2$，则曲线斜率为 3 dB/dB。而对 5 阶 PIM 曲线，当 $P_1 = P_2$ 时，其斜率约为 5。

类似地，可以得到频率为 $2f_2 - f_1$ 的 3 阶 PIM 分量和频率为 $3f_2 - 2f_1$ 的 5 阶 PIM 分量的功率，分别为

$$P_{PIM3} \sim P_1 P_2^2 \qquad (11-16)$$

$$P_{PIM5} \sim P_1^2 P_2^3 \qquad (11-17)$$

由于 PIM 信号的电平很低，所以测量时需要残余 PIM 电平和噪声基底都极低的高灵敏度装置。测量中，所有天线均放在消音暗室中，全部组件（电缆、

低 PIM 终端、测量设备)的总残余电平必须比测量的 PIM 最低期望值至少低
10 dB。要得到稳定可靠的测量结果，必须做多次测量，多次测量之间的时间间
隔至少为 10～20 秒，每次测量时都要重新连接所有接头。

　　据有关报导，对五种不同的商用 GSM900 天线的测量结果为：在等幅载波
输入情况下，假设载波功率在 31～43 dBm 范围内变化(载波频率为 $f_1 =$
935 MHz，$f_2 = 960$ MHz，$f_{PIM} = 2f_1 - f_2$)，PIM 对输入载波功率曲线的斜率
的平均值略小于 3(比如 B 型天线和 E 型天线，如图 11－6 所示)；当其中一个
输入载波的功率为 37 dBm 且保持不变，而另一个载波功率变化时，曲线的斜
率为 1 dB/dB(f_1 对应的功率 P_1 不变时)和 2 dB/dB(f_2 对应的功率 P_2 不变时)，
比如 B 型天线的测量结果与理论值吻合得很好(如图 11－7 所示)。

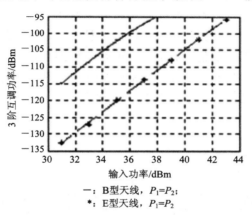

一：B 型天线，$P_1 = P_2$；
*：E 型天线，$P_1 = P_2$

图 11－6　B 型和 E 型天线的 PIM 性能

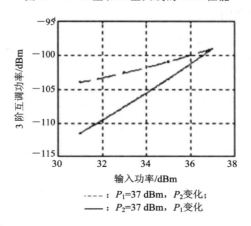

----：$P_1 = 37$ dBm，P_2 变化；
——：$P_2 = 37$ dBm，P_1 变化

图 11－7　B 型天线的 PIM 性能

描述移动通信天线无源互调特性的另一指标是被测器件的频率特性，即3阶互调功率与互调频率之间的关系，有些研究结果表明，基站天线的3阶互调功率电平基本上不随频率发生变化。

11.3 移动通信基站无源互调的测量

根据测试频率，无源互调测量系统可以划分为视频、无线电波和微波测量系统。虽然这些测量系统的构造、部件和测试装置不同，但是其基本设计都是基于二频率方法，即用两个频率激励样品，对产生的互调信号进行滤波和测量。

图11-8所示的是基于VHF波段设计的无辐射测量系统的基本框图。该测量系统可用于非线性材料、金属连接和射频部件的测量。在这个系统中，由信号发生器产生的两个射频信号被线性放大器放大。每个传输臂上的高Q值带通空腔滤波器将不需要的信号滤去，并使两个源之间隔离。一个3dB宽带耦合器用作信号合成器，提供良好的匹配和外加的20～30 dB的隔离。虚拟负载采用很长的同轴电缆充当。合成信号功率电平和电压驻波系数由全线功率计监

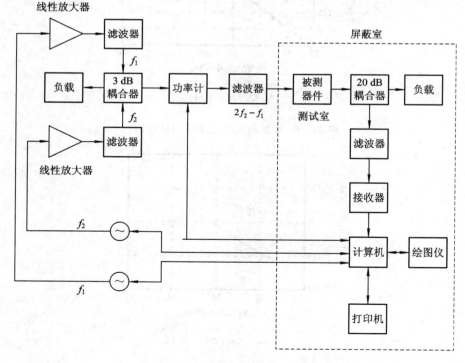

图 11-8 VHF波段无源互调测量系统框图

视。一个调谐到期望的互调信号上的低损耗凹口空腔滤波器放在功率计和测试室之间，以抑制残余互调信号。来自测试室的输出信号用一个宽带 20 dB 耦合器采样，并用另一套高 Q 值带通空腔滤波器滤波。这个信号用一个测试接收机探测，测试装置的控制及测试结果的处理由一个微型计算机系统实现。为了降低无线电干扰，敏感设备安装在屏蔽室内。

图 11-9 是用于 GSM 系统天线的无源互调测试的测量装置，利用该装置可对双极化板型天线的 3 阶无源互调特性进行实际测量。表 11-1 为 3 阶互调功率与输入功率之间的关系，互调频率为 910 MHz；表 11-2 为 3 阶互调功率与互调频率之间的关系，输入信号功率为 43 dBm（即 20 W）。测量中调节两路输入信号的功率，使其相等。

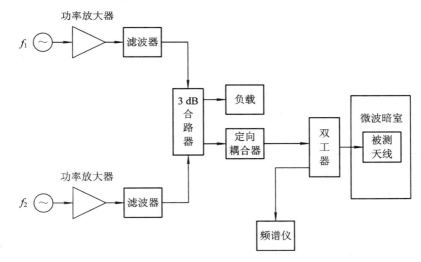

图 11-9　GSM 无源互调测量装置

表 11-1　3 阶互调功率与输入功率之间的关系

输入功率/dBm	39	40	41	42	43
3 阶互调功率/dBm	−119.4	−116.6	−113.7	−110.9	−107.6

表 11-2　3 阶互调功率与互调频率之间的关系

f_1/MHz	935	935	935	935	935	935
f_2/MHz	960	959	958	957	956	955
$2f_1 - f_2$/MHz	910	911	912	913	914	915
3 阶互调功率/dBm	−107.8	−107.3	−107.1	−108.2	−106.9	−107.5

　　由测量数据可以看出，移动通信天线的 3 阶互调功率电平随输入信号功率的变化曲线的斜率大约为 3 dB/dB，与理论预测结果基本一致（表 11-1）；在频率为 910~915 MHz 范围内，对应于输入功率取样点，天线的 3 阶互调功率电平显示出与互调频率基本无关的特性（表 11-2），输入载波的频率范围为935~960 MHz（GSM 系统基站发射通带）。

　　对一些电缆连接器的 3 阶无源互调值进行的测量结果表明，在静态情况下，大量连接器显示出良好的互调特性。但是在进行动态测试时，其互调干扰比静态情况下的干扰大约高出 40 dB。表 11-3 和表 11-4 以及图 11-10 和图 11-11 示出了高质量电缆连接器目前可达到的 3 阶互调值。对 30 个处于运动状态下的绝缘型 HCF 0.5 英寸电缆的 3 阶互调进行了测量，每个电缆的长度都是 2 m，并且在终端装有内外导体都焊接的连接器。一半电缆具有铜绞合线内导体，而另一半电缆的内导体采用铝-铜。测量时，即使当电缆移动时，在检测的电缆中产生的 PIM 电平也较低。绞合电缆的测试结果较差的原因是电缆移动时内导线相互移动。

表 11-3　铜绞合内导体电缆的 3 阶互调

样品个数/个	0	2	14	13	1
互调电平/dBc	−140	−145	−150	−155	−160

表 11-4　铝-铜内导体电缆的 3 阶互调

样品个数/个	0	0	2	9	19
互调电平/dBc	−140	−145	−150	−155	−160

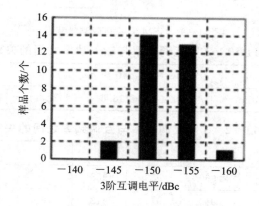

图 11-10　铜绞合内导体电缆的 3 阶互调

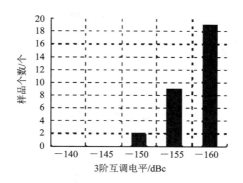

图 11 - 11　铝-铜内导体电缆的 3 阶互调

图 11 - 12 和图 11 - 13 示出了 DIN7 - 16 型连接器的互调行为与内电缆导体和内连接器导体的连接类型之间的关系。测试了内导体采用焊接、压接和插接三种情况时的 3 阶无源互调值，几种情况下外导体都夹紧。对于每种连接都选取 5 个电缆，每个电缆都安装两个连接器，在静止和运动情况下进行测试，记录下每组情形的最坏值。当电缆不发生移动时，各种连接类型之间的互调值差别很小；但是当电缆移动时，各种连接类型之间的互调值差别很大。测量表明，不仅在实验室，而且在极端情况下的现场，工业上都可提供仅产生微弱互调干扰的连接器。

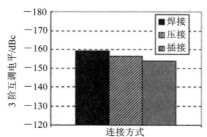

图 11 - 12　不同内导体连接方式的静止电缆的 3 阶互调

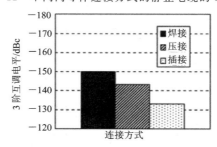

图 11 - 13　不同内导体连接方式的运动电缆的 3 阶互调

第十二章

通信卫星系统的无源互调分析

在卫星通信装备中，落入卫星接收机内的无源互调（PIM）产物可对接收机的品质因数（即 G/T 特性，是指天线端口处增益与系统等效噪声温度的比值）产生负面影响。图 12-1 是通信卫星系统的简化框图。通常采用发射两个未调制载波然后测量落入接收通带内的 PIM 产物的方法来测量 PIM 的影响。输入多工器（IMUX）将边带频率为 f_h（高频）和 f_1（低频）的上行水平输入信号分离，然后用通道放大器和行波管放大器（TWTAs）将这些信号放大，并在输出多工器（OMUX）中合成，通过垂直双工器传入下行线路系统。PIM 产物来源于发射机和接收机之间的通道中的非线性。如图 12-1 所示，由于上行线路系统和下行线路系统通常是正交的，因此在一个极化上的载波的 PIM 产物仅影响另一个极化上的转发器，这就使载波频率的选择和测量容易进行，因为载波和 PIM 产物不在同一接收机内。具有独立的发射天线和接收天线的卫星将采取空间隔离措施，这将大大减小 PIM 的影响。9 阶 PIM 产物（$5f_h - 4f_1$）可以用来说明二载波输入的结果，在转发器的输出端测量相对于热噪声或校准输入信号且包含 PIM 产物在内的二载波 PIM 失真电平。在下一个更高阶 PIM 失真频率处也应对卫星进行测试，以弄清楚它是否对总失真产生影响。还应在热性能室内对卫星器件进行高电平测量以确定 PIM 电平。

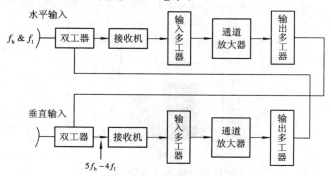

图 12-1　通信卫星系统的简化框图

表 12-1 列出了几种卫星系统的发射频带和接收频带。在所有载波都处于工作状态且调制的情况下，可用平坦功率谱模拟，这时需要一种计算 PIM 比的方法。本章计算以下两种情形的 PIM 功率谱密度之比。

情形 a：当所有载波都处于工作状态且调制时，在发射机中心频率处计算功率谱密度。已知功率分布，可求得接收机带宽内的尾分布的功率谱密度（如图 12-2 所示）。图中纵轴 $M(b)$ 表示归一化功率谱密度，横轴 $b = \dfrac{\omega - \omega_0}{\Omega}$ 为归一化相对角频率（ω_0 为发射通带中心角频率，Ω 为发射通带半带宽，ω 为角频率）。

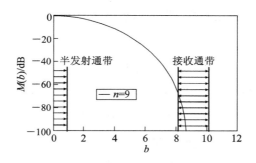

图 12-2　归一化功率谱

情形 b：在二载波测试中，仅有一个 PIM 产物落入接收通道，当这个 PIM 产物被调制时，其分布形状与情形 a 相同，但是在接收带宽内的功率谱密度要低得多。情形 b 简化了情形 a 的计算，而且精度更高。

表 12-1　出现 PIM 现象的卫星波段

波段	发射频带/GHz	接收频带/GHz	互调失真阶数
C 波段	3.7～4.2	5.925～6.425	9 阶
Ku 波段	11.7～12.3	14～14.5	9 阶
扩展的 Ku 波段	10.986～11.164 11.164～12.746	13.786～13.964 14.006～14.494	3 阶

根据 Sunde 的理论，在计算 3 阶失真功率时，高斯概率密度函数用于分析宽带低通信号的振幅分布，而瑞利概率分布函数用于表示窄带信号的包络分布。本章将这些方程加以推广，推导二载波输入时产生的 n 阶 PIM。由 n 阶失真功率之比和功率谱密度，可计算接收机中 PIM 的功率谱密度。这种在一个通道内计算 PIM 的方法远比在窄带通滤波器内使用 12 个载波测量 PIM 的方法优越得多，因为 PIM 不能在远低于热噪声的条件下进行测量。如果要使 PIM

不降低卫星的品质因数(G/T 特性），那么在预期的温度范围内，PIM 失真应至少低于热噪声 20 dB。空间测量已经表明，由于热效应，PIM 可增加 30 dB。

12.1　线性输出功率和失真功率的确定

12.1.1　线性输出功率和失真功率的通用表达式

设非线性信道的输入为 z，z 到 $z+\mathrm{d}z$ 之间的概率分布函数为 $p(z)$，$g(z)$ 是非线性信道的瞬时传递函数，那么总输出功率为

$$P_0 = S_0 + D_0 = \int_{-\infty}^{\infty} g^2(z)p(z)\mathrm{d}z \tag{12-1}$$

式中，S_0 是平均无失真功率，即线性功率；D_0 是平均失真功率。

输入功率 S 可写成下列形式：

$$S = \int_{-\infty}^{\infty} z^2 p(z)\mathrm{d}z \tag{12-2}$$

函数 $g(z)$ 含有与 z 线性相关的分量 $g_l(z)$，即 $g_l(z)=cz$。系数 c 依赖于特性 $g(z)$ 和输入 z 的形状。$c^2 S$ 是线性输出功率。当考虑大量的概率密度为 $p(z)$ 的随机信号时，输出功率相对于平均输出线性分量 $\bar{c}z$ 的变化情况由下式给出：

$$P_0 - c^2 S = \int_{-\infty}^{\infty} (g(z) - \bar{c}z)^2 p(z)\mathrm{d}z$$

$$= \int_{-\infty}^{\infty} (g^2(z) - 2\bar{c}zg(z) + \bar{c}^2 z^2)^2 p(z)\mathrm{d}z \tag{12-3}$$

为了使输出的非线性失真最小，上式中 $\bar{c}$ 的选取应使积分取得最小值。为此，应令上式的被积函数对 $\bar{c}$ 的导数等于零，得

$$\bar{c}z^2 = zg(z) \tag{12-4}$$

两边同乘以 $p(z)$ 并积分，得

$$\bar{c}\int_{-\infty}^{\infty} z^2 p(z)\mathrm{d}z = \int_{-\infty}^{\infty} zg(z)p(z)\mathrm{d}z \tag{12-5}$$

将式(12-2)代入式(12-5)后，两边同平方，得

$$\bar{c}^2 S^2 = \left[\int_{-\infty}^{\infty} zg(z)p(z)\mathrm{d}z\right]^2$$

令 $p(z)$ 为偶函数（即 $p(z)=p(-z)$），得

$$S_0 = c^2 S = \frac{2}{S}\left[\int_{0}^{\infty} zg(z)p(z)\mathrm{d}z\right]^2 \tag{12-6}$$

$$D_0 = P_0 - S_0 = 2\int_{0}^{\infty} g^2(z)p(z)\mathrm{d}z - S_0 \tag{12-7}$$

上式即线性输出功率和输出失真功率的一般表达式。在分析通信系统的传输性能时，可以方便地区分宽带信号（由大量倍频程组成的信号频谱）和窄带信号（频谱限制在离零频率相当远的某中心频率附近的一个较窄的频带上的信号）。下面分别分析宽带高斯信号和窄带高斯信号通过非线性通道传输时的线性输出功率和输出失真功率。

12.1.2　宽带高斯信号

所谓宽带高斯信号，就是覆盖多个倍频程的低通信号或边带相干的窄带通信号，它具有瞬时高斯振幅分布。

$$p(z) = \frac{1}{\sigma\sqrt{2\pi}} e^{-\frac{z^2}{2\sigma^2}} \tag{12-8}$$

用 S 乘以式（12-6）两边，并将式（12-8）代入，得

$$(S_0 S)^{\frac{1}{2}} = \frac{2}{\sigma\sqrt{2\pi}} \int_0^\infty z g(z) e^{\frac{-z^2}{2\sigma^2}} \, dz \tag{12-9}$$

然后，用 3 阶幂级数替换 $g(z)$，即 $g(z) = a_1 z + a_3 z^3$，再考虑到 $g(z)$ 为奇函数，结果为

$$(S_0 S)^{\frac{1}{2}} = \frac{2}{\sigma\sqrt{2\pi}} \int_0^\infty (a_1 z^2 + a_3 z^4) e^{-\frac{z^2}{2\sigma^2}} \, dz \tag{12-10}$$

完成积分后，上式作为 n 的函数的表达式为

$$[S_0(n)S]^{\frac{1}{2}} = \sum a_n \sqrt{\frac{2}{\pi\sigma^2}} \frac{(1 \cdot 3 \cdot 5 \cdots 2n-1)(2\sigma^2)^n}{2^{n+1}} \sqrt{2\pi\sigma^2}$$

$$= \sum a_n (1 \cdot 3 \cdot 5 \cdots 2n-1)\sigma^{2n} \tag{12-11}$$

化简得

$$S_0 = \frac{1}{S}\left[\sum a_n (1 \cdot 3 \cdot 5 \cdots 2n-1) S^{\frac{x}{2}}\right]^2 \tag{12-12}$$

式中，$S = \sigma^2$。在完成式（12-10）的积分时，要用到下列函数：

$$G(x) = \frac{2}{\sigma\sqrt{2\pi}} \int_0^\infty z^x e^{-\frac{z^2}{2\sigma^2}} \, dz$$

$$= S^{\frac{x}{2}}\left(\frac{2^x}{\pi}\right)\Gamma\left(\frac{x+1}{2}\right) = (1 \cdot 3 \cdot 5 \cdots x-1) S^{\frac{x}{2}} \tag{12-13}$$

式中，$x = 2n$，$G(x)$ 的具体函数值见表 12-2。

表 12-2　$G(x)$ 的具体函数值

x	2	4	6	8
$G(x)$	$1 \cdot S$	$1 \cdot 3 \cdot S^2$	$1 \cdot 3 \cdot 5 \cdot S^3$	$1 \cdot 3 \cdot 5 \cdot 7 \cdot S^4$

对于 3 阶失真，相当于在式（12-13）中取 $x=2$ 和 4，得线性输出功率为

$$S_0 = \frac{1}{S}[a_1 G(2) + a_3 G(4)]^2 = S[a_1 + 3a_3 S]^2 \quad (12-14)$$

由式（12-7）可得输出失真为

$$D_0 = 2\int_0^\infty g^2(z)p(z)\mathrm{d}z - S_0 \quad (12-15)$$

将 3 阶幂级数代入上式，得

$$D_0 = \frac{2}{\sqrt{\pi\sigma^2}}\int_0^\infty (a_1 + a_3 z^3)\mathrm{e}^{-\frac{z^2}{2\sigma^2}}\mathrm{d}z - S_0 \quad (12-16)$$

如果用函数 $G(x)$ 表示积分 D_0，则

$$D_0 = a_3^2\left[G(6) - \frac{G^2(4)}{S}\right] \quad (12-17)$$

具体计算可得 3 阶失真功率为

$$D_0 = 6a_3^2 S^3$$

推广到 n 阶情形，有

$$D_0 = a_n^2\left[G(2n) - \frac{G^2(n+1)}{S}\right] \quad (12-18)$$

12.1.3 窄带高斯信号

所谓窄带信号，就是其频谱限制在"载波"或某中心频率附近的一个较窄的频带上的信号，而且这个中心频率离开零频率又相当远。

在窄带通信道中，设 $p(\bar{z})$ 为包络变化的概率密度，$g(\bar{z})$ 是自变量为正弦输入信号 $z(t) = A\cos\omega_0 t$ 的包络 $A = \bar{z}$ 的传递函数，传输特性中输出平均包络功率和输出平均失真功率为

$$\bar{S}_0 = \frac{1}{\bar{S}}\left[\int_0^\infty \bar{z}g(\bar{z})p(\bar{z})\mathrm{d}\bar{z}\right]^2 \quad (12-19\mathrm{a})$$

$$\bar{D}_0 = \int_0^\infty g^2(\bar{z})p(\bar{z})\mathrm{d}\bar{z} - \bar{S}_0 \quad (12-19\mathrm{b})$$

包络变化满足瑞利分布，其概率密度函数为

$$p(\bar{z}) = \frac{\bar{z}}{\sigma^2}\mathrm{e}^{-\bar{z}^2/2\sigma^2} \quad (12-20)$$

这里，

$$\sigma^2 = S = \frac{\bar{S}}{2} \quad (12-21)$$

因此，在 3 阶情形，$g(\bar{z}) = a_1\bar{z} + a_3\bar{z}^3$，输出平均包络功率为

$$\overline{S}_0 = \frac{1}{S} \left[\frac{1}{\sigma^2} \int_0^\infty \overline{z}(a_1\overline{z} + a_2\overline{z}^3)\overline{z}e^{-\frac{\overline{z}^2}{2\sigma^2}} \, d\overline{z} \right]^2 \qquad (12-22)$$

考虑下列表示

$$\overline{G}(x) = \frac{1}{\sigma^2} \int_0^\infty \overline{z}^{x+1} e^{-\frac{\overline{z}^2}{2\sigma^2}} \, d\overline{z} = \overline{S}^{\frac{x}{2}} \left(\frac{x}{2} \right)! \qquad (12-23)$$

后，可得窄带高斯信号（NBG 信号）的平均包络功率和输出平均失真功率分别为

$$\overline{S}_0 = \frac{1}{S} \left[a_1\overline{G}(2) + a_3\overline{G}(4) \right]^2 \qquad (12-24)$$

$$\overline{D}_0 = a_3^2 \left[\overline{G}(6) - \frac{1}{S}\overline{G}^2(4) \right] \qquad (12-25)$$

推广到 n 阶情形，得

$$\overline{S}_0 = \frac{1}{S} \left[a_1 C(1) + 2!C(n)\overline{S} \right]^2 \qquad (12-26)$$

$$\overline{D}_0 = 2^n a_n^2 C^2(n)S^n N(n) \qquad (12-27)$$

式中，

$$C(n) = \frac{n!}{\left(\frac{n+1}{2}\right)! \left(\frac{n-1}{2}\right)! 2^{n-1}} \qquad \text{（见附录 E）}$$

$$N(n) = \left[(n)! - \left(\left(\frac{n+1}{2}\right)! \right) \right] \qquad (12-28)$$

使用 $D_0 = \overline{D}_0/2$，可将窄带包络失真项表示为

$$D_0 = 2^{n-1} a_n^2 C^2(n)S^n N(n) \qquad (12-29)$$

12.2　n 阶 PIM 产物的功率谱密度

在分析无源互调失真对卫星通信系统的影响时，即使对简单的高斯信号情形，求解功率谱密度都是非常费事的。但是，在求解总平均失真功率谱密度时，可以通过适当的近似简化分析过程。实际上，卫星转发器很少传送未调制载波。考虑载波调制后，每个载波的调制实际上将各个 PIM 产物的带宽扩大了 n 倍（n 为 PIM 阶数）。例如，假设 12 个转发器都是传输带宽为 B 的调制信号，那么每个的 13 阶 PIM 产物的带宽都将扩展为 $13B$，扩展后的 PIM 产物整体将作为随机噪声出现，引起卫星系统噪声温度的提高。

更为实用的方法是，假设 12 个载波都是调制波，又假设每个发射频道的带宽都是 40 MHz（忽略防护频带），且都具有均匀的功率分布。所以，可用带宽为 480 MHz 的平坦信号功率谱（似带限白噪声）对 12 个频道加以模拟（图 12-3）。

均匀功率分布的功率谱密度为

$$k_n(\omega) = \frac{2}{\pi} \int_0^\infty \left(\frac{\sin\omega\tau}{\omega\tau}\right)^n \cos\omega\tau \, \mathrm{d}\tau \tag{12-30}$$

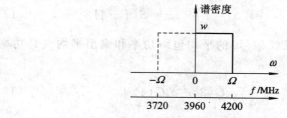

图 12-3　假设的信号功率谱

现在计算上式中的积分。为了方便起见，令 $x=\Omega\tau$，因而

$$\cos\omega\tau = \cos\left(\frac{\omega x}{\Omega}\right)$$

将上式中的 $\dfrac{\omega}{\Omega}$ 作为一个归一化频率变量，令 $a=\dfrac{\omega}{\Omega}$，然后有

$$\frac{2}{\pi} \int_0^\infty \left(\frac{\sin\Omega\tau}{\Omega\tau}\right)^n \cos\omega\tau \, \mathrm{d}\tau = \frac{1}{\Omega} \cdot \frac{2}{\pi} \int_0^\infty \left(\frac{\sin x}{x}\right)^n \cos ax \, \mathrm{d}x = \frac{1}{\Omega} \cdot k_n(a)$$

右边积分结果为

$$k_n(a) = \frac{n}{2^{n-1}} \sum_{i=0,1,2,\cdots}^{i<n} \frac{(-1)^i (n+a-2i)^{n-1}}{i!\,(n-i)!}, \quad 0 \leqslant a < n \tag{12-31}$$

上式的求和项中的级数是交错级数，其前 n 项之和有限。随着 n 的增加，当 $n+a-2i>0$ 且 $i<m$ 时出现级数的最后一项。归一化 PIM 分布可由下式表示：

$$M_n(a) = \frac{k_n(a)}{k_n(0)} \tag{12-32}$$

最后，可将 n 阶 PIM 噪声的功率谱密度近似表示为

$$k_n(\omega) = \frac{1}{n} k_n(0) M_n(a) \tag{12-33}$$

进一步考虑到，$k_n(a)=0, a \geqslant n$。因此，在每个分布的端点，a 的取值增加，即随 a 的增加，$k_n(a)$ 达不到零，a 的取值为 $a=n$，$\omega=n\Omega$，或

$$\begin{cases} f = f_0 + n \cdot \dfrac{B}{2} & \text{（奇次产物）} \\[2mm] f = 2f_0 - n \cdot \dfrac{B}{2} & \text{（偶次产物）} \end{cases} \tag{12-34}$$

对奇次产物，这些结果对应于"最远的"PIM 产物，而对偶次产物，其对应于"最近的"PIM 产物。这两项的意义由图 12-4 和图 12-5 说明，它们是

$k_n(a)$与a的曲线关系(对于$n=3,5,7,9,11,13,15$)。奇次产物均匀分布在C波段发射频带的中心频率($f=3.96$ GHz)两侧。互调产物的最远或最近产物都是相对于发射频带的中心而计算的。如果考虑两个载波,且均位于发射频带的端点,那么最远的9阶互调项是$5f_h-4f_l$。

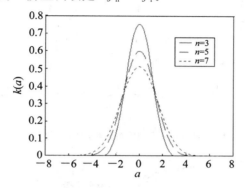

图 12-4　奇次阶 PIM 产物的归一化分布($n=3,5,7$)

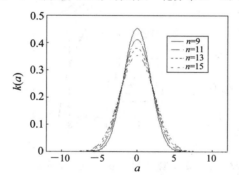

图 12-5　奇次阶 PIM 产物的归一化分布($n=9,11,13,15$)

图 12-4 和图 12-5 是线性坐标中的曲线。在我们所讨论的 C 波段的发射/接收情况下,线性坐标携带的信息量很小,因为我们感兴趣的是尾分布。图 12-6 和图 12-7 是对数线性曲线,它与图 12-4 和图 12-5 包含的信息量相同,只不过所有曲线均用 $k_n(0)$ 归一化且采取对数刻度。图 12-8 是式(12-33)的曲线表示,只不过横轴由 ω 换成了 $f=\dfrac{\omega}{2\pi}$,纵轴由 $k_n(\omega)$ 换成了 $\omega(f)=k_n(2\pi f)$,它是 C 波段通信卫星的典型的功率谱密度。我们发现,PIM 电平一般随其阶数的增加而降低,而且偶次 PIM 电平大大地低于奇次 PIM 电平,落入接收通带中的 PIM 干扰作为热噪声出现。从图中明显可以看出,接收通带中的最低波段最易受到 PIM 干扰的影响。

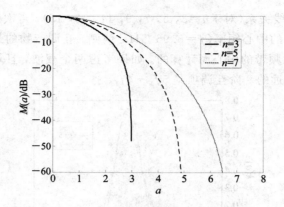

图 12-6 对数刻度下奇次阶 PIM 产物的归一化分布($n=3,5,7$)

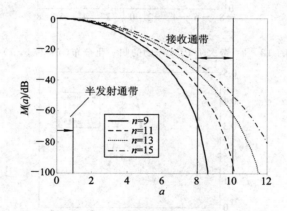

图 12-7 对数刻度下奇次阶 PIM 产物的归一化分布($n=9,11,13,15$)

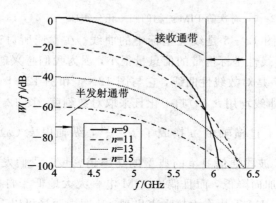

图 12-8 典型 n 阶 PIM 的功率谱密度

12.3　宽带 PIM 信号功率谱密度与二载波 PIM 信号功率谱密度的比值

由附录 D 的推导可以得出，二载波 n 阶 PIM 的输出功率是

$$d_0 = a_n^2 C^2(n) S_2^n \qquad (12-35)$$

式中，a_n 是非线性幂级数展开系数，S_2 是 n 次幂的二载波输入功率。$C(n)$ 定义为

$$C(n) = \frac{n!}{\left(\dfrac{n+1}{2}\right)! \left(\dfrac{n-1}{2}\right)! 2^{n-1}} \qquad (12-36)$$

上式推导见附录 E。

对于 3 阶情形，令 $n=3$，式 $(12-18)$ 与式 $(12-35)$ 之比为

$$R_{\text{wb}} = \frac{6}{C^2(3)} \left[\frac{S}{S_2}\right]^3 \qquad (12-37)$$

对于 n 阶情形，宽带 PIM 信号功率谱密度与二载波 PIM 信号功率谱密度的比值应为式 $(12-18)$ 与式 $(12-35)$ 之比：

$$R_{\text{wb}} = \frac{1}{C^2(n) S_2^n} \left[G(2n) - \frac{G^2(n+1)}{S}\right] \qquad (12-38)$$

$G(x)$ 的定义见式 $(12-13)$。提取因子 S^n，剩余部分用 $N'(n)$ 表示，有

$$R_{\text{wb}} = \frac{1}{C^2(n)} \left[\frac{S}{S_2}\right]^n N'(n) \qquad (12-39)$$

$$N'(n) = \frac{\left[G(2n) - \dfrac{G^2(n+1)}{S}\right]}{S^n}$$

$$= 1 \cdot 3 \cdot 5 \cdots (2n-1) - (1 \cdot 3 \cdot 5 \cdots n)^2 \qquad (12-40)$$

用 n 阶 PIM 失真的功率谱密度（式 $(12-33)$）乘以上式，得

$$R_{\text{wb}}(a) = \frac{1}{C^2(n)} \left[\frac{S}{S_2}\right]^n \frac{k_n(0)}{\Omega} N'(n) M_n(a) \qquad (12-41)$$

12.4　窄带 PIM 信号功率谱密度与二载波 PIM 信号功率谱密度的比值

窄带高斯失真信号功率谱密度与二载波失真功率谱密度的比值就是式 $(12-28)$ 与式 $(12-35)$ 之比再乘以 n 阶 PIM 产物的功率谱密度：

$$R_{\mathrm{nb}}(a) = 2^{n-1}\left[\frac{S}{S_2}\right]^n\left[\frac{a_n}{a_n}\right]^2\frac{C^2(n)}{C^2(n)}\frac{k_n(0)}{\Omega}N(n)M_n(a)\cdot C(n)$$

$$(12-42)$$

窄带因子 $C(n)$ 也插入到功率谱密度因子中,化简式(12-42),得

$$R_{\mathrm{nb}}(a) = 2^{n-1}\left[\frac{S}{S_2}\right]^n\frac{k_n(0)}{\Omega}C(n)N(n)M_n(a) \qquad (12-43)$$

对 3 阶产物到 13 阶产物的窄带 PIM 与二载波 PIM 比值的计算结果见表 12-3。

表 12-3　窄带 PIM 与二载波 PIM 比值

n	a	$M(a)$ /dB	$(S/S_2)^n$ /dB	$N(n)$ /dB	$C(n)2^{n-1}$ /dB	$k_n(0)$ /dB	R_{nb} /dB
3	2.6	−16.3	7.8	3.01	4.77	−12.5	−78.2
5	4.3	−31.8	15.6	19.24	10.00	−2.23	−57.7
7	6.1	−47.2	23.4	36.50	15.44	−2.92	−35.5
9	7.9	−62.6	31.2	55.42	21.00	−3.44	−12.5
11	9.6	−79.6	40.0	75.95	26.65	−3.86	6.2
13	11.4	−93.6	47.8	97.93	32.25	−4.21	41.8

由表 12-3 的计算结果可以看出,阶数每增加一次(如由 3 增加到 5,或由 5 增加到 7 等),窄带 PIM 与二载波 PIM 的比值平均增加 24 dB。3 阶 PIM 失真计算值比测量值低 78 dB,而 9 阶 PIM 失真计算值仅比测量值低 13 dB。一直到 n 等于 13 之前,阶数每变化一次(如由 3 增加到 5,或由 5 增加到 7 等),比值 R_{nb} 平均增加 24 dB,且保持对数线性增加。

3 阶和 9 阶 PIM 产物的热噪声与 PIM 的比值见表 12-4。3 阶 PIM 产物低于热噪声电平 48 dB,而 9 阶 PIM 产物低于热噪声电平 23 dB。这些 PIM 产物的功率比热噪声低 20 dB 多,并且在环境温度下并未降低 G/T。在轨测量表明,由于温度变化,引起二载波 PIM 测量值变化 30 dB。为了满足这个要求,PIM 功率应低于热噪声 50 dB。当二载波 PIM 的测量值低于 −140 dBm 时,在 3 阶 PIM 时可以达到要求,但在 9 阶情况下不能满足这个要求,除非二载波 PIM 测量值远低于 −180 dBm,而在实际环境温度下,不可能测量低至 −180 dBm 的 PIM,只能给出估算值。

表 12 - 4　热噪声与 PIM 的比值

阶数	热噪声 /(dBm/Hz)	二载波 PIM 测量值 /(dBm/Hz)	窄带 PIM 与二载波 PIM 之比 /dB	接收机中 PIM 功率密度 /(dBm/Hz)	热噪声与 PIM 之比 /dB
3	−170	<−140	−78	−218	48
9	−170	<−180	−13	−193	23

　　对于所有阶次的 PIM 失真，宽带 PIM 仅比窄带 PIM 增加 2.5 dB。仅当发射通带的上限和下限相互依赖时，宽带高斯信号才可用于分析计算 PIM，而在多载波情况下这个条件并不满足，因此本章主要计算窄带 PIM 与二载波 PIM 测量值之比。我们认为这些理论计算仅是保守估计，如果非线性行为与处于饱和状态的放大器相似，那么这些数据还可明显改善。

第十三章

无源互调散射场的分析和预测

本章用场的方法分析无源互调散射问题。对于大型反射面天线，通常物理尺寸很大，而且是由许多面板组成的网状结构，由于各面板之间有连接结，散射体含有连接非线性材料的结，所以就会有无源互调问题产生。对无源互调问题电路的方法研究已经做得较多，本章运用场的方法对无源互调散射场进行算法研究。在无源互调散射场的场值计算方面，考虑到在卫星通信和无线电通信设备的电磁分析中，往往目标相对于工作波长要大得多，所以散射问题一般属于高频现象。另外，作为一个非线性现象，在时域使用一种基于电流的方法更为有效。因此，选用时域物理光学法（TDPO）处理无源互调散射问题更为合适，此方法可在非理想导体和非线性目标情况下推广使用。虽然其他时域方法（如时域有限差分法）也可以处理非线性问题，但是不能有效地应用于处理电大物体（目标尺寸远大于信号波长）的散射问题。

13.1　TDPO 散射场的计算公式

由于无源互调问题是入射波照射到目标表面，由目标表面的非线性行为产生的，所以在分析计算时必须考虑到其非线性行为。理想导体表面只有感应电流产生，而非线性目标表面还有感应磁流产生，所以通常情况下的理想导体的时域散射场计算公式已不能满足无源互调散射场的计算的要求。因此，在计算时必须运用一般散射场的时域物理光学法的计算公式进行计算，其表达式为

$$E^s(r, t) = \frac{1}{4\pi |R| c} \iint_{S_{\text{lit}}} \left[\hat{R} \times \frac{\partial M_s^{PO}(r', t-\tau)}{\partial t} - Z_0 \frac{\partial J_{st}^{PO}(r', t-\tau)}{\partial t} \right] ds'$$

$$(13-1)$$

式中，c 是光速，M 和 J 分别是等效面磁流密度和等效面电流密度，Z_0 是介质的特性阻抗（$Z_0 = \sqrt{\dfrac{\mu}{\varepsilon}}$，$\varepsilon$ 为介质介电常数，μ 为介质磁导率）。

$$J_{st}^{PO}(r', \tau) = J_s^{PO}(r', \tau) - (J_s^{PO}(r', \tau) \cdot \hat{R}) \cdot \hat{R} \qquad (13-2)$$

式中，r 是观察点的位置矢量，r' 是散射体上的积分点的位置矢量，$R = r - r'$ 是散射体到观察点的向量，$\hat{R} = \dfrac{R}{|R|}$（图 13-1）是 $\hat{R}$ 方向的单位矢量，$\tau = \left(\dfrac{|R|}{c}\right)$ 是从散射体上的场点到达观察点的时间延迟。

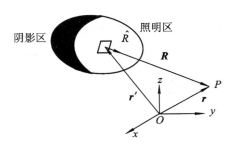

图 13-1　TDPO 法的散射体和空间参数

设观察点在远场区域，入射波为平面波时，传播方向上各点波形相同，彼此间仅有时间的延迟，$R = r - r' \approx r$，$\tau_1 = \dfrac{|r| - \hat{r} \cdot r'}{c} \approx \tau$。于是，时域物理光学法在无源互调散射场的电场计算公式如下：

$$E^s(r, t) = \frac{1}{4\pi rc}\iint_s \left[\hat{r} \times \frac{\partial}{\partial t}M_s^{PO}(r', t - \tau_1) - Z_0 \frac{\partial}{\partial t}J_{st}^{PO}(r', t - \tau_1)\right]ds'$$

$$(13-3)$$

13.2　表面非线性阻抗边界条件

如果能用简单的均匀非线性表面阻抗表征不确定平面的总几何光学场（GO场）的问题，那么就能计算这个结上的表面阻抗和反射系数。定义一套适当的非线性表面边界条件，可以得出反射系数的计算方法。采用传输线等效法可以推导这种边界条件，阻抗边界条件是

$$\hat{n} \times e = Z_s(e, h)\hat{n} \times (\hat{n} \times h) \tag{13-4}$$

式中，Z_s 通常为常数，而在本文方法中，Z_s 是总场的非线性函数。下面只讨论 e_y（电场强度的 y 分量）和 h_x（磁场强度的 x 分量）的关系。前者类比为图 13-2 所示的结两端的电压降，后者类比为通过它的电流。在各向同性非线性情况下，切向场的其他两个分量之间的关系相同，而在各向异性非线性情况下不同。各向异性介质是指物理性质随电磁波入射方向变化的介质。

这里将考虑非理想金属-金属结的非线性阻抗关系。如图 13-2 所示，两金属平板接触，在接触处由于连接的松动或金属氧化产生无源互调的非线性区

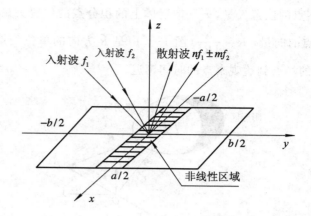

图 13-2 金属结的非线性互调散射

（阴影部分）。接触点的非理想金属-金属结的非线性特性方程为

$$h_x = h_0 \arctan\left(\frac{e_y}{e_T}\right) \tag{13-5}$$

式中，h_x 和 e_y 分别为磁场强度的 x 分量和电场强度的 y 分量，e_T 为透射电场强度。由式（13-5）将阻抗定义为 $Z_s = \dfrac{e_y}{h_x}$，将这个值代入到反射系数公式 $\Gamma = \dfrac{Z_s - Z_0}{Z_s + Z_0}$ 中（式中 Z_0 是特性阻抗）。因此，负载上的总电场为

$$e_y = e_y^{(i)} + e_y^r = (1 + \Gamma)e_y^{(i)} \tag{13-6}$$

将式（13-6）代入式（13-5）中，得

$$h_x = h_0 \arctan\left(\frac{(1+\Gamma)e_y^{(i)}}{e_T}\right) \tag{13-7}$$

Z_s 和 Γ 都是总场的函数，将式（13-7）代入阻抗 Z_s 和反射系数 Γ 的定义中，得

$$\Gamma = \frac{\dfrac{e_y}{h_x(e_y)} - Z_0}{\dfrac{e_y}{h_x(e_y)} + Z_0} = \frac{\dfrac{(1+\Gamma)e_y^{(i)}}{h_x((1+\Gamma)e_y^{(i)})} - Z_0}{\dfrac{(1+\Gamma)e_y^{(i)}}{h_x((1+\Gamma)e_y^{(i)})} + Z_0} \tag{13-8}$$

理论上，不可能得出式（13-5）的解析解。因此必须引进适当的数值方法进行求解（例如，基于牛顿法或者二分法的数值解法）。由于是求解非线性函数，对于式（13-5）的反射系数，本文运用牛顿法求解（如图 13-3 所示）。

牛顿法是一种简单的解法，它是利用线段来逼近结果的。这种算法只有很简单的几个步骤：

（1）先取一个猜测值 a。

（2）以 $f'(a)$ 为斜率，经过 $(a,f(a))$ 作一条直线，令这条直线与 x 轴的交点为 b。检查 $f(b)$ 是否为 0，如果是就找到一个解。

（3）如果 $f(b)$ 不为 0，重新令 b 为新的猜测值 a，重复步骤（2）。

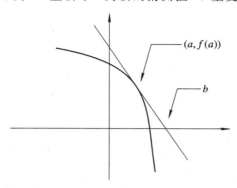

图 13-3　牛顿法线段逼近示意图

猜测值取得越好，$f(b)$ 会越来越接近 0。

取 $h_0 = 0.001$ A/m、$e_T = 1$ V/m、$d = 0.02$ m，入射电场为正弦波，周期为 0.2 ns。图 13-4、图 13-5 和图 13-6 分别为反射系数 Γ、阻抗 Z_s 和阻抗表面的总电场 e_y 随入射场 e_i 和时间 t 的变化关系。

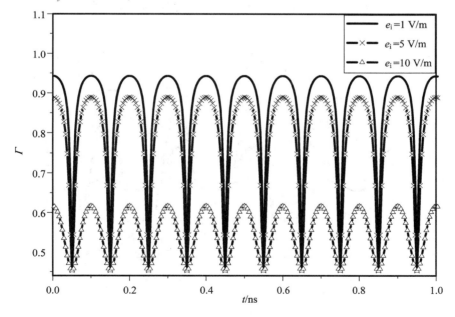

图 13-4　反射系数 Γ 随入射场 e_i 和时间 t 的变化关系

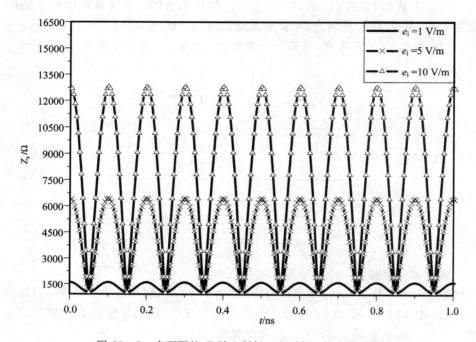

图 13 - 5　表面阻抗 Z_s 随入射场 e_i 和时间 t 的变化关系

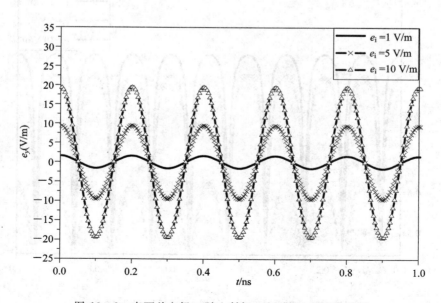

图 13 - 6　表面总电场 e_y 随入射场 e_i 和时间 t 的变化关系

由图 13 - 4～13 - 6 可以看出，随着入射场 e_i 的增大，反射系数 Γ 随之减小，表面阻抗 Z_s 随之增大，表面总电场 e_y 也随之增大。接触点的非理想金属-金属结行为表现出一个阈值，在此阈值之下无导电行为，而在阈值之上其行为又回到了线性。

13.3 TDPO 方法的非线性扩展

由上节结果可以推导出表面阻抗 Z_s，或者直接可得出反射系数 $\Gamma(e_y^{(i)})$，它仅是输入电场的函数。由反射系数和入射电场可以计算非线性面电流 j_s^{po} 和面磁流 m_s^{po}，表面磁流是由电场的非零切向分量产生的。

对 $z = 0$ 处的各向异性平板，在 y 方向总的表现为非线性行为，而在 x 方向为线性理想导体行为，平板上的面电流密度 j 和面磁流密度 m 有下列关系：

$$j_x(\boldsymbol{r}', t) = \begin{cases} 2h_y^{\text{inc}}(\boldsymbol{r}', t) & \text{照明区} \\ 0 & \text{阴影区} \end{cases} \tag{13-9}$$

$$j_y(\boldsymbol{r}', t) = \begin{cases} [1 - \Gamma(e_y^{(i)})]h_x^{\text{inc}}(\boldsymbol{r}', t) & \text{照明区} \\ 0 & \text{阴影区} \end{cases} \tag{13-10}$$

$$m_x(\boldsymbol{r}', t) = \begin{cases} [(1 + \Gamma(e_y^{(i)}))]e_y^{\text{inc}}(\boldsymbol{r}', t) & \text{照明区} \\ 0 & \text{阴影区} \end{cases} \tag{13-11}$$

$$m_y(\boldsymbol{r}', t) = 0 \tag{13-12}$$

当然，上述方程和这里的整套 TDPO 理论也可以处理阻抗物体的线性电磁散射问题，只是要假设反射系数为常数，而不是入射场的函数。对于非线性散射公式(13 - 9)～(13 - 12)，需要进一步拓展使其适用于无源互调散射场的计算问题。

假设非线性现象局限在一个与结一致的无限细窄条区域，这可假设为当 $d \to 0$ 时如图 13 - 7 所示的三部分的极限。因此，这样做是可能的：用 $d \ll \lambda$ 的三部分板模拟一个无限细的结，λ 是所选信号的最小波长。

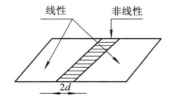

图 13 - 7 金属-金属的接触结模型

　　这并非最好的选择，因为表面阻抗的不连续性引起不连续的面电流，需要对边缘电流进行适当的修正。在处理一个与另一个很接近的不连续性情况时，TDPO 方法在任何情况下都不合适。在这种情况下，我们不引进修正边缘电流，而是使表面阻抗由线性值到非线性值做平滑变化，这种选择产生不连续电流。为了简单起见，让这种平滑变化来源于从非线性到线性（理想导体）板的反射系数，而不是来源于表面阻抗本身。

　　在非线性情形下，$Z_s = Z_s(e, h)$ 是总场的非线性函数，反射系数 $\Gamma(e, h)$ 也是非线性的。做这样的假设是合理的：流过两个面板的结的电流的行为与流过平行于结的电流的行为不同。特别是第一种情况受结的非线性行为的严重影响，而后者几乎不受影响。因此，有必要假设 $Z_s(e, h)$ 是各向异性的。在表面（n 垂直于表面）上的每一点都定义一个局部正交参照系。如图 13 - 2 所示，选择 y 方向，以便在表面上的投影垂直于结。如果这个点位于结上，认为沿 y 方向的阻抗完全是线性的，沿 x 方向的阻抗是完全非线性的。对于远离结的点，认为沿 x 方向的阻抗仍然完全是线性的，而假设沿 y 方向的非线性电流随着距离 d 的增加而趋于零。因此，当点处在金属结的边缘处时，沿着 y 方向的阻抗认为是结处的非线性阻抗和远离结处表面的线性阻抗的线性组合。根据锥体函数，这种组合的比例从完全非线性（$d = 0$）到完全线性（$d \to \infty$）变化。在这种情况下，还必须考虑磁流，平行于结的磁流表现出非线性。

　　引进一个适当的函数 $\psi(y)$，用以表示锥形函数。因为当前并不知道锥形函数应如何变化，所以做试探性的选择，选一个高斯函数：

$$\psi(y) = e^{-(y/d)^2} \tag{13 - 13}$$

　　对 $y = 0$，其值为 1；当 $|y|$ 增加时，其值趋于 0，即锥形函数在结处为 1，在离结很远处为零。沿 y 方向的感应面电流密度和沿 x 方向的感应面磁流密度可表示为

$$j_y(r', t) = \begin{cases} \{2[1 - \psi(y)] + (1 - \Gamma(e_y^{(i)}))\psi(y)\}h_x^{inc}(r', t) & \text{照明区} \\ 0 & \text{阴影区} \end{cases} \tag{13 - 14}$$

$$m_x(r', t) = \begin{cases} [(1 + \Gamma(e_y^{(i)}))\psi(y)]e_y^{inc}(r', t) & \text{照明区} \\ 0 & \text{阴影区} \end{cases} \tag{13 - 15}$$

　　很明显，沿 y 和 x 的非线性公式（13 - 14）和（13 - 15）在 $y \to \infty$ 时回到线性公式（13 - 9）和（13 - 12）。无源互调散射场的计算流程如图 13 - 8 所示。

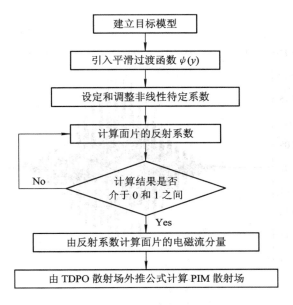

图 13-8　PIM 散射场计算流程图

13.4　实　例　分　析

例 1　有一块长 40 cm、宽 40 cm 的平板,平板中间有一非线性结。为了研究其非线性接触造成的无源互调干扰,我们用两个平面波从 z 轴正向射入。两个平面波的载频分别为 $f_1 = 5.0$ GHz 和 $f_2 = 5.5$ GHz,极化角 $\alpha = 90°$,入射角 $\theta_i = 180°$、$\varphi_i = 0°$,散射角 $\theta_s = 0°$、$\varphi_s = 180°$,每个载波的带宽为 40 Mb,每个平面波的幅度 e_i 为 0.1 V/m,$h_0 = 10^{-6}$ A/m,观察点距参考点 20 m。本文中提出的模型为反正切模型,即只提供奇次谐波。所以我们通过编程计算所得的谐波都是无源互调干扰所产生的对通信系统有干扰的奇次谐波。

设入射波为调制高斯脉冲信号(图 13-9),计算可得 PIM 时域散射电场的波形($d = 0.01$ m,$e_T = 0.01$ V/m)如图 13-10 所示。纵坐标 $E_i(t)$ 为调制高斯信号的瞬时值。图 13-11 和图 13-12 是 $d = 0.01$ m 时金属平板 PIM 的散射电场频谱,从图中可以看出,随着 e_T 的增大,PIM 散射电场随之减小。图 13-12 和图 13-13 是 $e_T = 0.05$ V/m 时金属平板 PIM 的散射电场频谱,随着金属非线性接触区域 d 的增大,PIM 散射电场也随之增大。由图 13-11~图 13-14 可以看出,当 e_T 在一定范围内变化时,PIM 散射电场变化不明显。

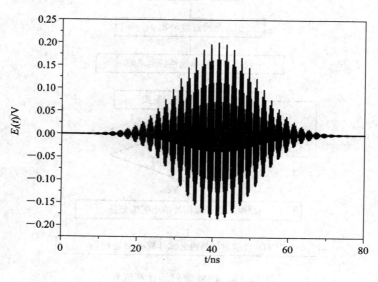

图 13-9 调制高斯脉冲

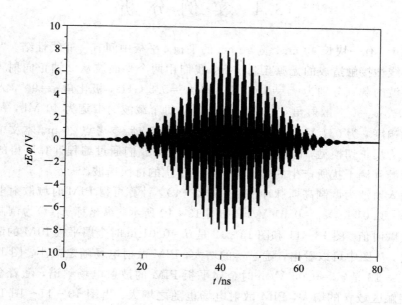

图 13-10 基于反正切特性模型的 PIM 时域散射电场($d=0.01$ m，$e_\mathrm{T}=0.01$ V/m)

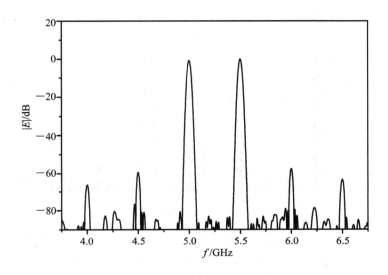

图 13-11　PIM 散射电场频谱($d=0.01$ m, $e_{\rm T}=0.01$ V/m)

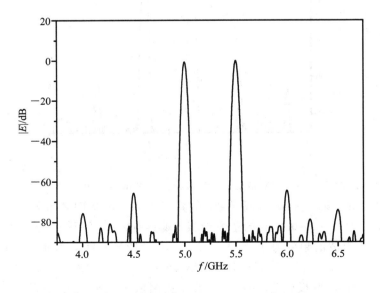

图 13-12　PIM 散射电场频谱($d=0.01$ m, $e_{\rm T}=0.05$ V/m)

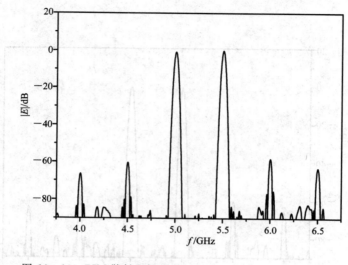

图 13-13　PIM 散射电场频谱($d=0.02$ m，$e_{\mathrm{T}}=0.05$ V/m)

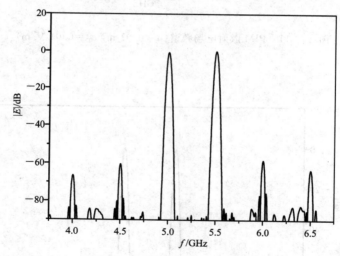

图 13-14　PIM 散射电场频谱($d=0.02$ m，$e_{\mathrm{T}}=0.01$ V/m)

例 2　对于某一金属-金属接触，估算其 3 阶和 5 阶 PIM 散射电场的大小。所建板为一个 $a=b=0.2$ m 的正方形板。观察点距离平板中心正上方 0.3 m，PIM 所用入射波的频率为 $f_1=11.0$ GHz，$f_2=12.6$ GHz，因此 3 阶 PIM 频率为 $f_{\mathrm{PIM}}=2f_2-f_1=14.2$ GHz，5 阶 PIM 频率为 $f_{\mathrm{PIM}}=3f_2-2f_1=15.8$ GHz。由于观察点距离平板较近，在计算无源互调散射场时应运用近场计算公式（13-1），计算所用的非线性模型是式（13-5）表示的反正切模型，所取参数为

$e_T = 0.2$ V/m，$d = 0.01$ m。h_0 和入射波幅度 e_i 取不同大小，通过编程计算，可得出无源互调散射场的场值大小。

图 13-15~图 13-18 和表 13-1 是 h_0 和入射波幅度 e_i 取不同值时的 PIM 散射电场的大小。由图表计算结果可以看出，随着 h_0 的增大，PIM 散射电场随之增大；随着入射波幅度 e_i 的增大，PIM 散射电场也随之增大。

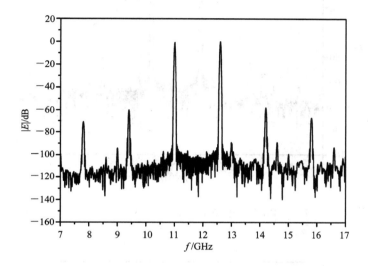

图 13-15　PIM 散射电场频谱（$e_i = 0.3$ V/m，$h_0 = 10^{-5}$ A/m）

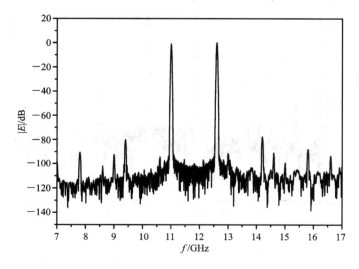

图 13-16　PIM 散射电场频谱（$e_i = 0.3$ V/m，$h_0 = 10^{-6}$ A/m）

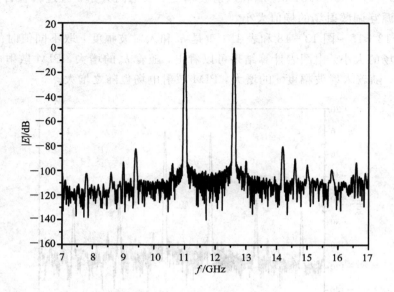

图 13-17　PIM 散射电场频谱($e_i=0.1$ V/m，$h_0=10^{-6}$ A/m)

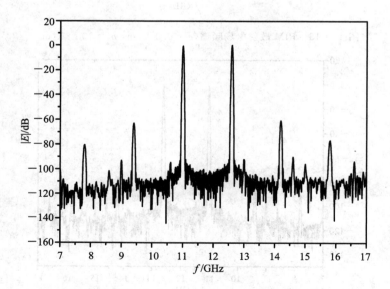

图 13-18　PIM 散射电场频谱($e_i=0.1$ V/m，$h_0=10^{-5}$ A/m)

表 13 - 1　金属-金属结的 PIM 散射电场大小

互调产物阶数	两入射波幅度	计算值 $(h_0=10^{-5}\ A/m)$	计算值 $(h_0=10^{-6}\ A/m)$
3 阶	2×0.1 V	−60.63 dB	−80.51 dB
	2×0.3 V	−57.78 dB	−77.67 dB
5 阶	2×0.1 V	−76.72 dB	−99.99 dB
	2×0.3 V	−67.18 dB	−88.10 dB

第十四章
印刷传输线的无源互调分析

随着无线通信技术的迅速发展，印刷电路板已广泛应用于天线、馈电器、多工器、中继连接器、互连器和基板等器件中。但是印刷电路板产生 PIM 这个课题很少被探讨，其 PIM 的产生机理仍然不太清楚。本章主要研究印刷传输线的 PIM 问题，提出一种包含分布式非线性的有限长度传输线的新模型，并利用传输线中 PIM 分布的近场测量结果对提出的模型进行验证。在详细分析混频、功率耗散和负载匹配对 PIM 产物的影响规律的基础上，指出印刷传输线的 PIM 产物的基本特性，证明匹配传输线中的反向 PIM 产物是由非线性散射产生的。最后介绍采用高动态范围双音测试系统对印刷传输线 PIM 进行的测量情况，给出低 PIM 印刷电路板的设计指南。

14.1　印刷传输线的 PIM 模型分析

本节通过一个简化的传输线模型，提出有限长度印刷线路中产生分布式 PIM 的一般分析方法，说明线路长度对印刷传输线 PIM 的影响是非常重要的。

14.1.1　理论分析

现在分析一种具有弱分布式非线性阻抗的传输线模型，如图 14-1 所示，线路用电压为 V、内阻为 Z_s 的双音信号发生器激励，终端负载阻抗为 Z_L，并假设终端是线性的。

在具有弱分布式非线性电阻的传输线中，电磁波的传播规律可由电压 $V(x, t)$ 和电流 $I(x, t)$ 的电报方程来表示：

$$\frac{\partial I(x, t)}{\partial x} = -\left(C \frac{\partial V(x, t)}{\partial t} + GV(x, t) \right) \tag{14-1}$$

$$\frac{\partial V(x, t)}{\partial x} = -\left(L \frac{\partial I(x, t)}{\partial t} + R(I)I(x, t) \right) \tag{14-2}$$

式中，L、C、$R(I)$ 和 G 分别为传输线中单位长度的电感、电容、电阻和电导。

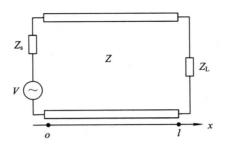

图 14-1　非线性传输线模型

虽然式(14-1)和式(14-2)可采用任意阶的多项式求解，但是这里仅讨论 3 阶 PIM 产物的主要特性。更高阶的非线性往往产生微弱的响应，因此本章不考虑高阶 PIM 响应。假设弱非线性电阻 $R(I)$ 依赖于电流且可用多项式表示：

$$R(I) = R_0 + \zeta I^2, \quad R_0 \gg \zeta I^2 \tag{14-3}$$

式中，R_0 为线性电阻，ζ 为非线性系数。

将式(14-3)代入式(14-2)，并与式(14-1)联立求解，得到关于 $I(x,t)$ 的非线性微分方程：

$$\frac{\partial^2 I(x,t)}{\partial x^2} - CL\frac{\partial^2 I(x,t)}{\partial t^2} - (CR_0 + GL)\frac{\partial I(x,t)}{\partial t} - GR_0 I(x,t)$$

$$= \zeta I^2(x,t)\left(3C\frac{\partial I(x,t)}{\partial t} + GI(x,t)\right) \tag{14-4}$$

非线性传输线上 PIM 产物的稳态解可用微扰法结合傅里叶级数展开求得。$I(x,t)$ 可由下式表示：

$$I(x,t) = \sum_{k=0}^{\infty}\sum_{q=-\infty}^{\infty}\sum_{p=-\infty}^{\infty}\zeta^k \tilde{I}_{q,p,k}(x)\exp(\mathrm{j}\omega_{q,p}t) \tag{14-5}$$

式中，$\omega_{q,p} = q\omega_1 + p\omega_2$，$\omega_1$ 和 ω_2 为载波的角频率，$\sum\limits_{k=0}^{\infty}\zeta^k \tilde{I}_{q,p,k}(x)$ 为角频率 $\omega_{q,p}$ 处的电流分布。

将式(14-5)代入式(14-4)，合并相同角频率和 ζ 的 k 次方项，可得到关于 $\tilde{I}_{q,p,k}(x)$ 的非齐次微分方程：

$$\left(\frac{\mathrm{d}^2}{\mathrm{d}x^2} - \gamma_{q,p}^2\right)\tilde{I}_{q,p,k}(x) = \sum_{v=0}^{k-1}\sum_{i=0}^{v}\sum_{m=-\infty}^{\infty}\sum_{n=-\infty}^{\infty}\sum_{r=-\infty}^{\infty}\sum_{s=-\infty}^{\infty}(3\mathrm{j}\omega_{q-r,p-s}C + G)$$

$$\times \tilde{I}_{m,n,i}(x)\tilde{I}_{r-m,s-n,v-j}(x)\tilde{I}_{q-r,p-s,k-v-1}(x) \tag{14-6}$$

式中，$\gamma_{q,p} = \sqrt{(R_0 + \mathrm{j}\omega_{q,p}L)(G + \mathrm{j}\omega_{q,p}C)} \approx \mathrm{j}\beta_{q,p} + \alpha$ 为复波数。为了简单起见，将函数 $\tilde{I}_{q,p,k}(x)$ 看做电流分布。上式在角频率为 $\omega_{2,-1}$ 处的互调解见附录 F。

在估算 $\tilde{I}_{q,p,k}(x)$ 时脚标需满足下列条件：

$$|q| + |p| = 2d + 1 \qquad d \in [0, k] \tag{14-7}$$

因此，式（14-6）可以对每个 k 独立求解。对 $k=0$，式（14-6）变为齐次方程，其解有以下形式：

$$\tilde{I}_{q,p,0}(x) = A_{q,p,0}\exp(-\gamma_{q,p}x) + B_{q,p,0}\exp(-\gamma_{q,p}(l-x)) \tag{14-8}$$

式中，l 为传输线长度，$\tilde{I}_{q,p,0}(x)$ 表示各个谐波上的传输线的线性电流波。

当 $k=1$ 时，式（14-6）变为非齐次方程，其右边仅含有 $k=0$ 时所得的函数 $\tilde{I}_{q,p,0}(x)$，需要特别关注的是函数 $\tilde{I}_{q,p,1}(x)$，因为它描述了 3 阶 PIM 产物的电流分布。式（14-6）在 $k=1$ 时的解可用下列形式表示：

$$\tilde{I}_{q,p,1}(x) = A_{q,p,1}\exp(-\gamma_{q,p}x) + B_{q,p,1}\exp(-\gamma_{q,p}(l-x)) + F_{q,p,1}(x) \tag{14-9}$$

式中，$F_{q,p,1}(x)$ 为非齐次微分方程（14-6）的特解。

为了得到角频率 $\omega_{2,-1}$ 处的互调产物，式（14-6）的非线性特解为

$$F_{2,-1,1}(x) = 3(\mathrm{j}\omega_{2,-1}C + G) \times \left(\frac{A_{1,0,0}^2 A_{0,-1,0}\exp(-(2\gamma_{1,0} + \gamma_{0,-1})x)}{(2\gamma_{1,0} + \gamma_{0,-1})^2 - \gamma_{2,-1}^2} \right.$$

$$+ \frac{A_{1,0,0}^2 B_{0,-1,0}\exp(-(2\gamma_{1,0} - \gamma_{0,-1})x - \gamma_{0,-1}l)}{(2\gamma_{1,0} + \gamma_{0,-1})^2 - \gamma_{2,-1}^2}$$

$$+ \frac{A_{1,0,0}B_{1,0,0}A_{0,-1,0}\exp(-\gamma_{0,-1}x - \gamma_{1,0}l)}{\gamma_{0,-1}^2 - \gamma_{2,-1}^2}$$

$$+ \frac{A_{1,0,0}B_{1,0,0}B_{0,-1,0}\exp(-\gamma_{0,-1}(x-l) - \gamma_{1,0}l)}{\gamma_{0,-1}^2 - \gamma_{2,-1}^2}$$

$$+ \frac{B_{1,0,0}^2 A_{0,-1,0}\exp((2\gamma_{1,0} - \gamma_{0,-1})x - 2\gamma_{1,0}l)}{(2\gamma_{1,0} - \gamma_{0,-1})^2 - \gamma_{2,-1}^2}$$

$$+ \left. \frac{B_{1,0,0}^2 A_{0,-1,0}\exp((2\gamma_{1,0} + \gamma_{0,-1})(x-l))}{(2\gamma_{1,0} + \gamma_{0,-1})^2 - \gamma_{2,-1}^2} \right) \tag{14-10}$$

虽然本章仅讨论 3 阶 PIM 产物，但对 $k > 1$ 的高阶 PIM 产物，可借助于式（14-6）、式（14-8）和式（14-9）与 $k=1$ 相类似的方法进行分析。

14.1.2　边界条件

对 $k=0$，式（14-6）的解仅描述了传输线上的本征波，而它们的大小仍未定义。式（14-8）和式（14-9）的电流分布表达式包含未知系数，可由传输线终端相应的边界条件来确定。由式（14-1）可得式（14-5）中的每个谐波为

$$\widetilde{V}_{q,\,p,\,k}(x) = \frac{1}{\mathrm{j}\omega_{q,\,p}C + G}\frac{\mathrm{d}\widetilde{I}_{q,\,p,\,k}(x)}{\mathrm{d}x} \qquad (14-11)$$

因此，在 $x=0$ 和 $x=l$ 处的边界条件具有以下形式：

$$Z_{\mathrm{s}}(\omega_{q,\,p})\widetilde{I}_{q,\,p,\,k}(0) - \frac{\widetilde{V}_{q,\,p}}{R_2^k}\delta_{0,\,k} = \frac{1}{\mathrm{j}\omega_{q,\,p}C + G}\frac{\mathrm{d}\widetilde{I}_{q,\,p,\,k}(x)}{\mathrm{d}x}\bigg|_{x=0} = -Z_{\mathrm{L}}(\omega_{q,\,p})\widetilde{I}_{q,\,p,\,k}(l)$$

$$= \frac{1}{\mathrm{j}\omega_{q,\,p}C + G}\frac{\mathrm{d}\widetilde{I}_{q,\,p,\,k}(x)}{\mathrm{d}x}\bigg|_{x=l} \qquad (14-12)$$

式中，$Z_{\mathrm{s}}(\omega_{q,\,p})$ 和 $Z_{\mathrm{L}}(\omega_{q,\,p})$ 分别为源阻抗和负载阻抗，$\widetilde{V}_{q,\,p}$ 是角频率 $\omega_{q,\,p}$ 处的源信号的傅里叶幅度，$\delta_{0,\,k}$ 是 Kronecker$-\delta$ 函数。

在传输线终端适当考虑边界条件使我们能够解释匹配传输线中产生的反向 PIM 产物。早期对这种现象既没有合适的建模方法，又不能仅归因于负载反射。

假设终端负载是线性的，则边界条件可用于各阶 PIM 产物。首先可得电流分布 $\widetilde{I}_{q,\,p,\,0}(x)$ 中的系数：

$$A_{q,\,p,\,0} = \frac{\widetilde{V}_{q,\,p}}{D_{q,\,p}(Z_{\mathrm{s}}(\omega_{q,\,p}) + Z_0(\omega_{q,\,p}))}$$

$$B_{q,\,p,\,0} = -\frac{\widetilde{V}_{q,\,p}\Gamma_{\mathrm{L}}(\omega_{q,\,p})u_{q,\,p}}{D_{q,\,p}(Z_{\mathrm{s}}(\omega_{q,\,p}) + Z_0(\omega_{q,\,p}))} \qquad (14-13)$$

式中，$D_{q,\,p} = 1 - \Gamma_{\mathrm{L}}(\omega_{q,\,p})\Gamma_{\mathrm{s}}(\omega_{q,\,p})u_{q,\,p}^2$，$u_{q,\,p} = \exp(-\gamma_{q,\,p}l)$。$\Gamma_{\mathrm{L}}(\omega_{q,\,p})$ 和 $\Gamma_{\mathrm{s}}(\omega_{q,\,p})$ 分别为负载和源的反射系数，q 和 p 在 $k=0$ 时满足式（14-7），$Z_0(\omega_{q,\,p}) = \sqrt{(R_0 + \mathrm{j}\omega_{q,\,p}L)(G + \mathrm{j}\omega_{q,\,p}C)}$ 为传输线的特性阻抗，这在许多传输线（包括微带线）中都很容易得到，然后可以估算函数 $F_{q,\,p,\,1}(x)$。根据一阶微扰，由边界条件（14-12）可以确定 q 和 p 满足式（14-7）的微扰幅度值（$k=1$）：

$$A_{q,\,p,\,1} = \frac{1}{D_{q,\,p}}\left(\frac{S_{q,\,p}}{Z_{\mathrm{s}}(\omega_{q,\,p}) + Z_0(\omega_{q,\,p})} - \frac{u_{q,\,p}Q_{q,\,p}\Gamma_{\mathrm{s}}(\omega_{q,\,p})}{Z_{\mathrm{L}}(\omega_{q,\,p}) + Z_0(\omega_{q,\,p})}\right)$$

$$B_{q,\,p,\,1} = \frac{1}{D_{q,\,p}}\left(\frac{Q_{q,\,p}}{Z_{\mathrm{L}}(\omega_{q,\,p}) + Z_0(\omega_{q,\,p})} - \frac{u_{q,\,p}S_{q,\,p}\Gamma_{\mathrm{L}}(\omega_{q,\,p})}{Z_{\mathrm{s}}(\omega_{q,\,p}) + Z_0(\omega_{q,\,p})}\right)$$

$$(14-14)$$

式中，

$$S_{q,\,p} = Z_0(\omega_{q,\,p})\psi_{q,\,p,\,1}(0) - Z_{\mathrm{s}}(\omega_{q,\,p})F_{q,\,p,\,1}(0)$$

$$Q_{q,\,p} = -Z_0(\omega_{q,\,p})\psi_{q,\,p,\,1}(l) - Z_{\mathrm{L}}(\omega_{q,\,p})F_{q,\,p,\,1}(l)$$

$$\psi_{q,\,p,\,1}(x) = \frac{1}{\gamma_{q,\,p}}\frac{\mathrm{d}F_{q,\,p,\,1}(x)}{\mathrm{d}x}$$

以上表达式描述了一阶微分方程（14-1）和（14-2）的解，这足以估算 3 阶 PIM 响应。进一步可定义角频率 $\omega_{2,\,-1}$ 处的 3 阶 PIM 产物的反向功率 P_{rev} 和正

向功率 P_{forw} 为

$$P_{\text{rev}} = \zeta^2 \frac{1}{2} \text{Re}\{\widetilde{I}_{2,-1,1}(0)\widetilde{V}_{2,-1,1}(0)^*\}$$

$$P_{\text{forw}} = \zeta^2 \frac{1}{2} \text{Re}\{\widetilde{I}_{2,-1,1}(l)\widetilde{V}_{2,-1,1}(l)^*\} \qquad (14-15)$$

式中，* 和 Re 分别表示复共轭和复数的实部。

14.2　印刷传输线的 PIM 模型验证

为了验证提出的理论模型，可将仿真结果与印刷线路的 3 阶 PIM 产物的近场测量结果进行比较。在本节中，使用 Summitek 仪器公司的 SI-900B 型 PIM 分析仪进行测量。在厚度为 0.76 mm、介电常数为 $\varepsilon_r = 3$、损耗角为 $\tan\delta = 0.0026$ 的基板上制作阻抗为 50 Ω、长度为 914 mm 的印刷线路，终端连接低 PIM 负载，用两个频率分别为 $f_1 = 935$ MHz 和 $f_2 = 960$ MHz 的载波馈电。在 3 阶 PIM 频率处的近场用容性探头进行采样，这种探头是用连接到 PIM 分析仪输入端口的同轴电缆制作的。探头起始处于水平位置，然后处于竖直位置。在测量中，分别给测试线路提供 -39.6 dBm 和 -33.1 dBm 的平均耦合，如此弱的耦合确保了探头对线路的 PIM 没有影响。3 阶 PIM 功率的真实值 $P_V(x)$ 是在频率 $2f_1 - f_2 = 910$ MHz 处测量的 PIM 功率，即 $P_{\text{meas}}(x)$ 与探头耦合 $P_{\text{coupl}}(x)$ 的分贝差：

$$P_V(x) = P_{\text{meas}}(x) - P_{\text{coupl}}(x) \qquad (14-16)$$

图 14-2 显示了由式(14-16)所得的测量结果，同时显示了 3 阶 PIM 产物的仿真结果，3 阶 PIM 产物的仿真功率定义为

$$P_V(x) = \zeta^2 \frac{|\widetilde{V}_{2,-1,1}(x)|^2}{2Z_0(\omega_{2,-1})} \qquad (14-17)$$

这个定义从本质上说基本上与近场测量的结果一致，此处容性探头测量的是沿线路的电场分布。

拟合非线性参数 $\zeta = 2.6 \times 10^{-4}$ Ω·A^{-2}·m^{-1}，使仿真功率电平等于测量功率电平。曲线上的起伏与正向传播和反向传播的 PIM 产物的干涉有关，其大小受源和负载匹配的影响。在仿真中考虑了微带到同轴线之间反射的影响，令端口阻抗为 $(49.3 + j2.5)$ Ω，无论使用水平探头还是垂直探头，拟合结果与测量数据均一致。

在连接器的参考平面上测量的 $|S_{11}|$ 值与用在该模型（实验中连接器的焊点）线路终端的拟合值仅有大约 5% 的偏差，这个偏差在测量装置的不确定性范围内，且对于建模来说是合理的。因此，仿真结果和测量结果的比较，完全验

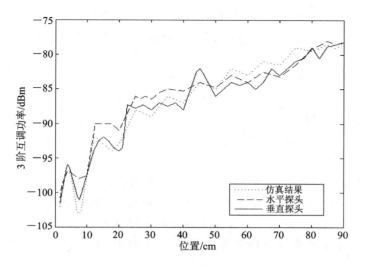

图 14 - 2　3 阶 PIM 产物的仿真结果与测量结果的比较

证了所提出模型的正确性以及对印刷传输线 PIM 的产生机理进行研究的必要性。

14.3　匹配传输线的 PIM 分析

14.3.1　PIM 产物的电流分布

式(14 - 10)的解使我们能够对一段具有分布式非线性的传输线进行建模。由于一般解非常烦琐，所以在许多情形下要进行简化处理。假设角频率 $\omega_{q,p}$ 处的信号源和负载终端是完全匹配的，即

$$Z_0(\omega_{q,p}) = Z_L(\omega_{q,p}) = Z_s(\omega_{q,p})$$
$$\Gamma_L(\omega_{q,p}) = \Gamma_s(\omega_{q,p}) = 0 \tag{14 - 18}$$

由式(14 - 9)、式(14 - 10)、式(14 - 13)和式(14 - 18)可得，线路上 3 阶 PIM 电流分布的简化表达式为

$$\tilde{I}_{2,-1,1}(x) = -\xi(1+\nu)\exp(-\gamma_{2,-1}x) + \xi\exp(-(2\gamma_{1,0} + \gamma_{0,-1})x)$$
$$+ \xi\nu\exp(-\gamma_{2,-1}(2l - x) - 2\alpha l) \tag{14 - 19}$$

式中，

$$\nu = \frac{\alpha}{\gamma_{2,-1}}$$

$$\xi = \frac{3\tilde{V}_{1,0}^2 \tilde{V}_{0,-1}}{32\nu Z_0(\omega_{1,0})^2 Z_0(\omega_{0,-1}) Z_0(\omega_{2,-1})(\mathrm{j}\beta_{2,-1} + 2\alpha)}$$

虽然传输线上并无反射，但是式(14-19)表示的总电流是由正向波和反向波组成的(在 3 阶 PIM 频率处)。这些波的叠加分别在输入端和输出端产生了正向和反向 PIM 产物。

由式(14-19)可得反向 3 阶 PIM 电流为

$$\tilde{I}_{2,-1,1}(0) = -\xi\nu\{1 - \exp(-2j\beta_{2,-1}l - 4\alpha l)\} \tag{14-20}$$

正向 3 阶 PIM 电流为

$$\tilde{I}_{2,-1,1}(l) = \xi(1+\nu)\exp(-j\beta_{2,-1}l - \alpha l)\{-\exp(2\alpha l) - 1\}$$

$$\tag{14-21}$$

印刷传输线上的反向 PIM 产物归因于非线性产生的散射。有些研究者探讨了传输线上由分布式非线性产生的 PIM，但是，近似模型将反向 PIM 产物与负载反射联系起来，在匹配传输线上并没有发现 PIM 产物。因此，式(14-20)表明了含有分布式非线性的匹配传输线中反向 PIM 产物是由非线性散射产生的。

对式(14-20)和式(14-21)的进一步分析可以探讨传输线长度、损耗和PIM 频率变化的影响以及减小措施等问题。

14.3.2　无耗传输线 PIM 的产生

为了研究低损耗传输线上 PIM 的产生机理，我们首先分析无耗传输线情形($\alpha = 0$)。反向电流分布(式(14-20))以幅度 $\xi\nu$ 振荡，且在下列长度处存在零点：

$$l_n = \frac{n\lambda}{2}, \quad n = 1, 2, \cdots \tag{14-22}$$

反向 PIM 产物存在被抑制的情况，这是因为两个非线性点产生的 PIM 产物在相同距离 l_n 处相互抵消。在这种情况下，零点的出现是由非线性产生的PIM 产物的线性干涉造成的。虽然在一对非线性存在的情况下，式(14-22)具有相同的形式，但是起源于不同的 PIM 机理。分布式零点的存在对于在天线元件、馈线、印刷传输线和接口等器件的 PIM 抑制具有重要意义。

为了估算正向 3 阶 PIM 产物的电流，有必要对式(14-21)进一步研究。取 $\alpha \to 0$ 时的极限

$$\lim_{\alpha \to 0}\tilde{I}_{2,-1,1}(l) = -\frac{3l\tilde{V}_{1,0}^2\tilde{V}_{0,-1}\exp(-j\beta_{2,-1}l)}{16Z_0(\omega_{1,0})^2Z_0(\omega_{0,-1})Z_0(\omega_{2,-1})} \tag{14-23}$$

由式(14-23)可以看出，无耗传输线上正向 3 阶 PIM 产物的幅度随传输线长度的增加而增加，这种线性增加有一个简单的物理解释：在无耗情形下，载波转换为 PIM 谐波是不受限制的。这与非线性光学中的二阶谐波产生的机理

相似。

换一种思路研究，可以通过四波混合过程中的相位匹配来理解正向和反向 PIM 的产生机理。将传输线的分布式非线性看成一系列分立的无限小的弱非线性散射体，在理想匹配传输线中可以认为基波无反射且仅沿正向传播。然而，非线性转换发生在每一个散射体上，既产生正向 PIM 产物，又产生反向 PIM 产物。

现在分析在一段无耗无色散匹配传输线上（图 14-3）任意位置 $x=A$ 和 $x=B$ 处的一对散射体产生的 3 阶 PIM 产物。假设参考平面位于 $x=A$ 处，则频率分别为 f_1 和 f_2 的载波在 A 和 B 两点产生的 3 阶 PIM 产物具有相位 $\varphi_A=0$ 和 $\varphi_B(X)=(2\beta_{1,0}+\beta_{0,-1})X$，式中 X 是 A 和 B 之间的距离。另外，3 阶 PIM 产物从 A 传播到 B 引起的相位差为 $\varphi_{AB}=\beta_{2,-1}X$。

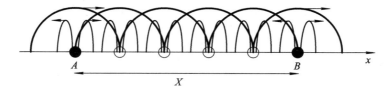

图 14-3　无耗无色散匹配传输线上 PIM 的产生

在任意点 $x=B$ 处，B 和 A 处散射体产生的正向 PIM 产物的相位差为 $\Delta_f(X)=\varphi_B(X)-\varphi_{AB}(X)$。对于无色散传输线，$\beta_{2,-1}=2\beta_{1,0}+\beta_{0,-1}$；对任意 X，$\Delta_f(X)=0$。因此，线路上任何一对散射体产生的正向 3 阶 PIM 产物产生相长干涉，这就产生了正向 3 阶 PIM 产物，引起正向 3 阶 PIM 电平随传输线长度的增加而增加（参考式（14-23））。

在相反方向上，由两个散射体（$x=A$ 和 $x=B$ 处）产生的 3 阶 PIM 产物在 $x=A$ 处总是具有非零的相位差：$\Delta_r(X)=\varphi_{AB}(X)+\varphi_B(X)$。当 $\Delta_r(X)$ 为 π 的奇数倍时，这两个 PIM 产物产生相消干涉。对应的最短距离 $X_c=\lambda_{2,-1}/4$ 叫做相干距离，式中 $\lambda_{2,-1}$ 为 3 阶 PIM 产物的波长。在长度为 X_c 的传输线中，仅有终端散射体的贡献被抵消，而反向 3 阶 PIM 电平达到最大值，这是因为加强了中间散射体的 PIM 响应。当传输线的长度等于 $2X_c$ 时，3 阶 PIM 产物相互抵消，从而使得反向 3 阶 PIM 产物在输入端消失。因此，在无耗无色散传输线中，仅当线路长度小于 $2X_c$ 时才对反向 3 阶 PIM 产物有贡献，而对于任意 $2X_c$ 整数倍的传输线并不会改变反向 3 阶 PIM 电平的大小。

14.3.3　损耗对 PIM 的影响

虽然前面的分析对于理解理想传输线中 PIM 的产生机理很有帮助，但是不考虑损耗情形时的分析不足以说明现实中的问题。

从物理角度讲，谐波产生和损耗存在是两个富有竞争力的过程。为了研究损耗对 PIM 的影响，有必要确定式（14-20）和式（14-21）中的幅度系数 ξ 和 ν 对衰减因子 α 的依赖关系。由式（14-19）可得：

$$\xi(\alpha) \propto \frac{1}{\alpha}, \quad \nu(\alpha) \propto \alpha, \quad \xi(\alpha)\nu(\alpha) = 常数 \tag{14-24}$$

从式（14-21）和式（14-24）可以看出，在高损耗条件下，正向 3 阶 PIM 电平随传输线长度的增加而减小，但反向 3 阶 PIM 电平并不减小为零，而是快速趋向渐近值 $-\xi\nu$。为了解释这种影响，图 14-4 显示了完全匹配传输线的正向和反向 3 阶 PIM 电平随线路长度的变化情况。

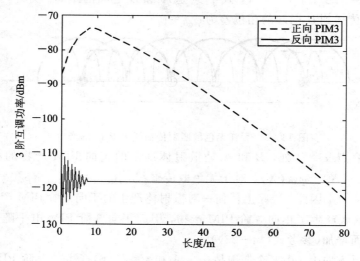

图 14-4 3 阶 PIM 随传输线长度的变化

由于损耗和谐波产生的影响比较明显，则正向 3 阶 PIM 电平在线路长度为 l_f 处达到最大值，l_f 可由式（14-21）求得：

$$l_f = \frac{\ln 3}{2\alpha} \tag{14-25}$$

图 14-4 表明，正向 3 阶 PIM 电平在较长线路长度处低于反向 3 阶 PIM 电平，在 l_i 点两条曲线相交。由式（14-20）和式（14-21）可得交点值为

$$l_i = \frac{\ln |\nu|^{-1}}{\alpha} \tag{14-26}$$

上面所提供的 PIM 产物的渐近估算表明了插入损耗（衰减常数为 α）和 PIM 产生/消失速率之间的依赖关系。大的衰减可以引起 l_f 减小（参考式（14-25）），正向 3 阶 PIM 电平很快达到最大值，但在最大值之后缓慢衰减。

14.3.4　PIM 产物对频率的依赖关系

在实际中，落在载波附近的 PIM 产物特别受到关注。因此，在很窄的工作频段，我们假设传播常数、衰减常数和波阻抗都是无色散的，对印刷传输线的 3 阶 PIM 产物有 $\beta_{2,-1} \gg \alpha$，由式（14 - 19）可得：

$$\xi(\beta_{2,-1}) = 常数，\quad \nu(\beta_{2,-1}) \propto \frac{1}{\beta_{2,-1}} \tag{14 - 27}$$

将式（14 - 27）代入式（14 - 20）和式（14 - 21），通过计算发现，反向 3 阶 PIM 电流是 $\beta_{2,-1}$ 的倒数，而正向 3 阶 PIM 电流与 $\beta_{2,-1}$ 无关。由于 $\beta_{2,-1}$ 与频率成正比，所以反向 3 阶 PIM 电平随频率的增加而减小，但正向 3 阶 PIM 电平不随频率变化。由式（14 - 20）和式（14 - 21）可以看出，随着频率的增加，正向和反向 3 阶 PIM 产物在高频时才会产生衰减。

非线性参数 ζ 对频率的依赖性是未知的，且受多种非线性过程的影响。尽管如此，在窄带中，ζ 对频率的依赖性可由上面的定量分析再加一定的 PIM 测量而得到。当反向 3 阶 PIM 电平随频率增加时，ζ 的渐近行为可由式（14 - 15）、式（14 - 20）和式（14 - 27）求得：

$$\zeta \propto \beta_{2,-1}^{1+a}，\quad a > 0 \tag{14 - 28}$$

式中，参数 a 由非线性和损耗对频率的依赖性决定。

14.4　非匹配传输线的 PIM 分析

14.4.1　负载反射对 PIM 的影响

在实际中，由于印刷传输线做不到完全匹配，所以式（14 - 18）仅是近似表达式。由式（14 - 9）可以看出，3 阶 PIM 电流的表达式较为复杂。为了简单起见，仅考虑匹配源阻抗的情形，假设源失配的影响受传输线中载波功率减小的限制。

为了解释负载失配对 PIM 的影响，我们引用长度为 1 m 的传输线产生的 PIM 仿真结果进行分析，实验样品的参数见前面的分析。由于仿真在窄带内完成，所以假设 $\Gamma_L(\omega_{2,-1})$ 在一定的频率范围内为常数。

计算表明，反向和正向 3 阶 PIM 产物随负载反射系数 $\Gamma_L(\omega_{2,-1})$ 的幅度和相位的变化情况如图 14 - 5 和图 14 - 6 所示。由图 14 - 5 可以看出，反向 3 阶 PIM 电平随 $|\Gamma_L(\omega_{2,-1})|$ 单调增加，零反射和全反射两种情形时的功率差为 30～40 dB。显然，这是载波和在相反方向传播的 3 阶 PIM 产物的驻波幅度变

化的结果(参考式(14-9)、式(14-10)和式(14-13))。3 阶 PIM 电平的明显增加发生在 $|\Gamma_L(\omega_{2,-1})| < 0.3$ 的低幅度处,当 $|\Gamma_L(\omega_{2,-1})|$ 增加时,3 阶 PIM 电平几乎线性增加。$\Gamma_L(\omega_{2,-1})$ 的相位对 PIM 的影响远小于其幅度对 PIM 的影响,并且仅在低 $|\Gamma_L(\omega_{2,-1})|$ 处才可以识别相位对 PIM 的影响。

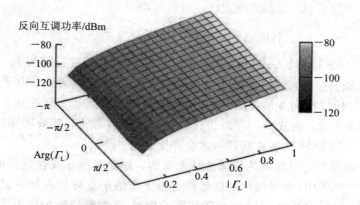

图 14-5 反向 3 阶 PIM 随负载反射系数 Γ_L 的变化

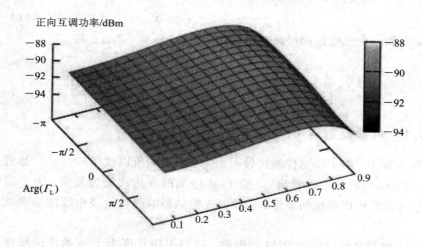

图 14-6 正向 3 阶 PIM 随负载反射系数 Γ_L 的变化

正向 3 阶 PIM 产物表现出完全不同的性质,如图 14-6 所示。$|\Gamma_L(\omega_{2,-1})|$ 的变化范围限制在 $|\Gamma_L(\omega_{2,-1})| < 0.9$ 内,因为在更高 $|\Gamma_L(\omega_{2,-1})|$ 处,正向 3 阶 PIM 电平落在曲线范围之外。在图 14-6 所示的 $|\Gamma_L(\omega_{2,-1})|$ 范围内,正向 3 阶 PIM 电平在 4 dB 范围内变化,这远远小于反向 3 阶 PIM 电平的变化范围。另外,它有一个最大值——图 14-6 中的波峰。对

于一定的 $|\Gamma_L(\omega_{2,-1})|$ 值，传播到负载中的 3 阶 PIM 电平高于零反射时的 3 阶 PIM 电平，这种现象归因于传输线上驻波的影响。

根据式（14-2）和式（14-3），3 阶 PIM 电平应该随载波振幅的三次方增加。但是由上面的分析却没有发现这种现象，这是由于负载反射引起的驻波加快了非线性变化的过程。由图 14-6 可以看出，在低 $|\Gamma_L(\omega_{2,-1})|$ 情形下，这种影响超过了由于负载反射产生的正向 PIM 产物的回波损耗。换言之，载波的非均匀电流分布产生 PIM 谐波的速率高于反射损耗产生 PIM 谐波的速率。然而，高 $|\Gamma_L(\omega_{2,-1})|$ 情形有所不同，当 $|\Gamma_L(\omega_{2,-1})|$ 趋于负载反射极限时，正向 3 阶 PIM 电平迅速衰减。$\Gamma_L(\omega_{2,-1})$ 的相位对正向 3 阶 PIM 产物的影响可以忽略不计，这与反向 3 阶 PIM 产物的情形类似。

14.4.2 线路长度对 PIM 的影响

在完全匹配情形下，线路长度对 PIM 的影响已在前面的分析中做过讨论。正如上一小节所提到的，负载反射对 PIM 产物有很强的影响。因此，负载失配也对不同线路长度的 PIM 产生影响，这种影响可以通过不同线路长度的 3 阶 PIM 产物的仿真结果来说明。

图 14-7 和图 14-8 显示了 3 阶 PIM 产物的仿真结果。从图 14-7 可以看出，不论 $|\Gamma_L(\omega_{2,-1})|$ 取何值，反向 3 阶 PIM 电平都不随线路长度快速变化。在低 $|\Gamma_L(\omega_{2,-1})|$ 处，3 阶 PIM 电平很不稳定，随线路长度的增加呈现出周期性的变化；在更高 $|\Gamma_L(\omega_{2,-1})|$ 处，当 3 阶 PIM 电平缓慢增加时，表面形状变得更加光滑，而反向 3 阶 PIM 电平的明显增加发生在短的线路长度和高的反射处。

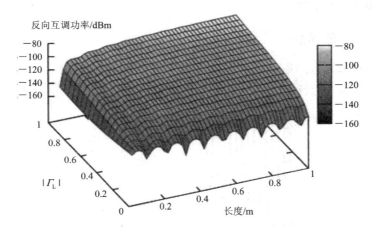

图 14-7 负载反射系数 Γ_L 和传输线长度对反向 3 阶 PIM 的影响

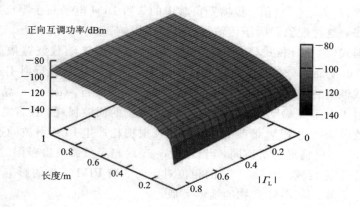

图 14 - 8　负载反射系数 Γ_L 和传输线长度对正向 3 阶 PIM 的影响

与反向 3 阶 PIM 产物相比，正向 3 阶 PIM 电平在低反射时随线路长度的增加而增加（如图 14 - 8 所示）。但是，在高 $|\Gamma_L(\omega_{2,-1})|$ 时，表面出现了小波纹；在更高 $|\Gamma_L(\omega_{2,-1})|$ 时，正向 3 阶 PIM 电平开始减小。在线路长度较短时，正向 3 阶 PIM 电平快速增加，这与反向 3 阶 PIM 产物类似，但在更长的线路长度时增量减小。

14.5　印刷传输线 PIM 的测量

本节介绍采用高动态范围双音测试系统对印刷传输线 PIM 进行的测量，频率间隔 Δf 为 4 Hz～10 kHz。

14.5.1　测量样品

下面选择两种印刷传输线（融化石英涂银传输线和蓝玉涂银传输线）作为待测样品。传输线的特性阻抗为 50 Ω，具有蛇状的模式（融化石英如图 14 - 9(a)

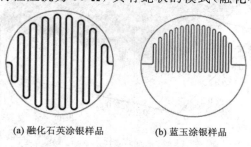

(a) 融化石英涂银样品　　　(b) 蓝玉涂银样品

图 14 - 9　传输线模式

所示，蓝玉如图 14-9(b)所示)，两段线的间隔是线宽度的 5 倍，以使线段间的耦合最小化。融化石英样品传输线的长度为 1.23 m，蓝玉样品传输线的长度为 1.26 m。传输线的参数见表 14-1，材料的电热参数见表 14-2。其中 c_p 为等压比热，k 为热传导率，ρ_{e0} 为静态热阻常数，α 为电阻温度系数，ρ 为材料密度。

表 14-1　传输线的参数

参数	衬底	
	蓝玉（Al_2O_3）	融化石英（SiO_2）
w（宽度）	433 μm	1112 μm
l（长度）	1.2644 m, 27.5 mm	1.2344 m
d（厚度）	1.7 μm	1.7 μm
h（衬底厚度）	500 μm	500 μm

表 14-2　材料的电热参数

	Au	Ag	SiO_2	Al_2O_3	FR-4
$\rho_{e0}/n\Omega \cdot m$	22.1	15.9	$>10^{26}$	$>10^{23}$	10^{11}
$k/(Wm^{-1} \cdot K^{-1})$	318	429	1.44	31	0.3
$c_p/(kJkg^{-1} \cdot K^{-1})$	0.129	0.232	0.67	0.74	0.6
α/K^{-1}	0.00404	0.00382	—	—	—
$\rho/kg \cdot m^{-3}$	19300	10490	2200	4050	1850

14.5.2　电热色散 PIM 的测量

在高动态范围的正向馈电测量系统中，通常采用双音测试可以对蓝玉和融化石英传输线的 PIM 失真进行表征。本小节通过对中心频率为 480 MHz 的双音信号进行间隔为 Δf 的扫描，对两种传输线样品（蓝玉涂银和融化石英涂银）进行电热色散方面的研究。在输入载波功率为 33 dBm、频率间隔 Δf 为 4 Hz～10 kHz 的情况下对蓝玉涂银传输线的 PIM 进行测量；在输入载波功率为 30 dBm、Δf 为 4～200 Hz 的情况下对融化石英涂银传输线的 PIM 进行测量。

对蓝玉涂银传输线 PIM 的测量结果如图 14-10 所示，很明显，PIM 响应表现出低通特性。实验表明，基于传输线材料特性和电流分布的理论模型与具有相同热带宽和幅度的测量数据相吻合。

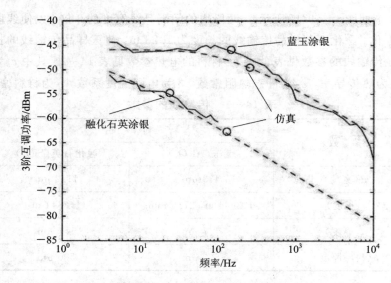

图 14 - 10   不同传输线的 3 阶 PIM 测量结果与仿真结果的比较

对融化石英涂银传输线 PIM 的测量结果也如图 14 - 10 所示。由图中可以看出，PIM 响应同样表现出低通特性，且在一定的频率范围内（10～100 Hz），3 阶 PIM 电平随频率的增加而迅速减小。实验表明，融化石英衬底的热参数产生了很小的热色散带宽，而分布式电热理论预测了这个系统的热带宽，在幅度和色散特性方面精确预测了产生的 PIM 失真。仿真结果来源于采用表 14 - 1 和表 14 - 2 中的材料参数和几何构造，电流密度分布由 Ansoft HFSS - 11 仿真得出。

14.5.3   蓝玉涂银传输线 PIM 的测量

本小节测量一个长度为 27.5 mm 的蓝玉涂银传输线的 PIM 失真，在中心频率为 480 MHz、以 Δf 为间隔扫描输入信号对传输线样品进行双音测试和电热色散表征。每个信号功率为 32 dBm，Δf 为 10 Hz～10 kHz，对长度为 27.5 mm 的传输线样品输入功率以 1 dBm 的间隔递减，以确保非线性响应能够跟踪一定功率范围内的模型预测。在长度为 1.2644 m 的传输线样品上，输入信号功率保持为 33 dBm，有限的动态范围阻止了进一步的功率扫描。在两个长度分别为 1.2644 m 和 27.5 mm 的蓝玉涂银传输线上，以 Δf 为 10 Hz～10 kHz 进行扫描，其测量结果如图 14 - 11 所示。由图中可以看出，PIM 响应表现出低通特性，且 3 阶 PIM 电平随频率的增加而减小，测量结果与仿真结果基本一致。实验表明，在基于传输线材料特性和电流分布的基础上，理论预测的热带宽和幅度与测量数据相吻合。

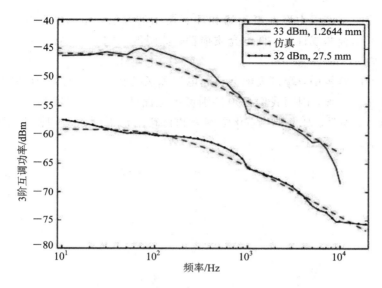

图 14-11　蓝玉涂银传输线的 3 阶 PIM 测量结果与仿真结果的比较

14.6　低 PIM 印刷电路板的设计指南

在制作低 PIM 印刷电路板方面，已取得了较大的进展。新结构材料、电路通道和修复技术的应用已大大改善了印刷电路板的 PIM 性能。

实验表明，在印刷电路板设计中，导体到基板之间的接口质量对降低 PIM 起着至关重要的作用。

在进行印刷电路板设计时，考虑到低 PIM 的需要，应尽可能采用更厚的覆铜层，这是因为铜具有较好的降温去热能力。然而更厚的铜箔通常与更大的粗糙度相关联，从而引起负面效应，加剧了 PIM 的产生，因此合适的覆铜层厚度是至关重要的。

随着无铅焊接的使用，一些研究人员将注意力集中在为实现低 PIM 印刷组件而进行的无铅合金的论证上。研究发现，无铅焊接合金会产生与印刷电路板修整相关的不同结果。从总体上看，无铅焊接合金会产生较低的 PIM 电平。

导体轨道蚀刻会引起不期望的边缘裂缝和剥离。由于这些缺陷通常会提高 PIM 电平，所以蚀刻轨道的质量是确保印刷电路板性能的必要条件。另外，锌浸入涂敷被证明最适合低 PIM 印刷电路板，相对于银浸入和有机焊接防腐涂敷而言，其显示出更为优越的性能。

在低 PIM 印刷电路板的设计中，电介质基板是非常重要的复合材料，包括许多基于编织玻璃强力聚四氟乙烯和环氧树脂的叠层。印刷电路板 PIM 的产生机理除了基板非线性外，低电介质损耗、低湿度吸收和高热传导性等因素也应考虑在内。

在印刷电路板中，端口失配会引起电流和场的驻波，这使得 PIM 在波腹处产生的可能性剧增，因而我们必须特别考虑电路匹配问题。同时，我们还应考虑机械压力、振动、环境温度、化学污染和材料结构等因素对印刷电路板 PIM 性能的影响。

第十五章
波导法兰连接的无源互调分析

在通信系统中，非铁磁性微波无源器件的 PIM 问题非常严重，产生 PIM 的根源在于天线、波导法兰等无源器件的非线性效应，例如场发射、量子隧穿、热电子发射、微放电、电致伸缩等。引起 PIM 的非线性效应机理错综复杂，依据这些机理对 PIM 进行研究的理论模型还很少，导致开发低 PIM 通信系统的周期长、成本高。本章将主要分析典型微波器件——波导法兰的无源互调问题，通过对模型的理论分析及数值计算，试图得出波导法兰连接无源互调的某些规律，为低 PIM 波导法兰设计提供理论支持。

15.1　波导法兰连接的模型分析

到目前为止，并没有可靠的模型预测波导法兰连接的无源互调现象，很多事实可以解释这种情况。首先，PIM 源通常是不可避免的自然现象（如氧化和老化），使得整个系统的行为不可再生。其次，多年来已有大量的 PIM 源被识别出来，这些源很难从实验上进行分离，也使得理论和实验数据的比较变得累赘。的确，PIM 受许多参数影响，以致任何理论模型要与测量数据相联系时，都需要仔细评价。本章由波导法兰连接中极易出现问题的波导结作为互调源分析的突破口。

要由几何构形和机械方面对表面进行表征，提出金属接触的一般模型，并分析影响 PIM 电平的因素，必须将它用到所研究的具体系统（如波导结）展开研究。仅考虑单模式波导情形，即假设仅有基波（TE_{10}）在波导中传播。如果激发其他模式，这些模式将渐渐消失，重新转换到基波上。这是非常重要的，除了输入模式的互调频率和谐波频率外，系统非线性还会激起 TE_{30} 和 TE_{50} 波。这样的假设实际上并不重要，因为器件通常工作在基波模式，且为低损耗。另外，所激发的 PIM 信号的频率接近输入载波，它们也以基波传播。

众所周知，器件内的波导壁上产生表面电流，其面电流密度可由电磁场确定：

$$j = n \times H \tag{15-1}$$

式中，n 是垂直于波导壁的单位矢量，H 是总磁场。

由于波导结的不连续发生于传播方向（z 轴）上，所以仅沿这个方向的电流分量可作为可能的 PIM 源。对于基波，仅在顶壁和底壁存在 z 方向的电流。相应的面电流密度可写成

$$j(x, y, z) = -\frac{A_{mn}\beta_z\pi}{\omega\mu_0\varepsilon_0 a} \sin\left(\frac{\pi x}{a}\right) \cdot e^{j(\omega t - \beta_z z)} \tag{15-2}$$

式中，$\beta_z = \sqrt{\omega^2\mu_0\varepsilon_0 - \left(\dfrac{\pi}{a}\right)^2}$ 是基波的传播常数，μ_0、ε_0 是波导内的真空磁导率和介电常数；$\omega = 2\pi f$，f 是频率；A_{mn} 是一个与功率平方根有关的积分常数：

$$A_{mn} = 2\varepsilon_0 \cdot \sqrt{PZ} \cdot \sqrt{\frac{a}{b}} \tag{15-3}$$

式中，a 和 b 分别为矩形波导的宽度和高度，P 为输入功率，Z 为基波的特性阻抗。

波导壁的体电流密度可根据趋肤深度得出：

$$J = \frac{j}{\delta} \tag{15-4}$$

式中，$\delta = \sqrt{\dfrac{1}{\pi f\kappa\mu}}$ 是趋肤深度，κ、μ 分别是波导金属的电导率和磁导率。

根据全电流安培环路定律，体电流密度可与电磁场联系起来：

$$\nabla \times H - \frac{\partial D}{\partial t} = J \tag{15-5}$$

式中，所有的变量具有场的意义，另外，电场强度与电标势（简称电势）和电矢势的关系为

$$E = -\nabla V - \frac{\partial A}{\partial t} \tag{15-6}$$

所以，波导法兰上产生的电势可由下式计算：

$$V = \iint \left[\frac{1}{\varepsilon}(J_z - (\nabla \times H)_z) - \frac{\partial^2 A_z}{\partial t^2}\right] dt\, dz \tag{15-7}$$

对于基波，当 $\nabla \times H$ 和 A 的轴向分量消失时，前面方程可变为

$$V = \iint \frac{1}{\varepsilon} J_z\, dt\, dz \tag{15-8}$$

在时谐场情况下，这个方程的积分结果为

$$V(x, y) = \frac{1}{\omega\beta_z\varepsilon} J_z(x, y) |\exp(-j\beta_z s(x, y)) - 1| \tag{15-9}$$

式中，$V(x, y)$ 是每个点 x，y 限制在波导宽度和趋肤深度之内的表面电势差，

$s(x, y)$是两法兰之间的距离，即绝缘层厚度。如果在绝缘层厚度范围内间隙距离为常数，且遵从趋肤深度近似，最后可得电压为

$$V(x) = \frac{1}{\omega\beta_z\varepsilon\delta}J_z(x)\left[2(1 - \cos(\beta_z s))\right]^{\frac{1}{2}} \qquad (15-10)$$

与 x 有关的面电流密度由正弦函数给出，考虑到最大值出现在波导中部，因此，E 方向的面电流密度可写成 $j_z(x) = j_z\left(\frac{a}{2}\right) \cdot \sin\left(\frac{\pi x x}{a}\right)$，最后可得电压降为

$$V(x) = \frac{j_z\left(\frac{a}{2}\right)}{\omega\beta_z\varepsilon\delta} \cdot \sin\left(\frac{\pi x}{a}\right)J_z(x)\left[2(1 - \cos(\beta_z s))\right]^{\frac{1}{2}} \qquad (15-11)$$

此式的意义可做下列简单的解释：如果绝缘层很薄（相对于波长而言），这也是经常出现的情况，余弦函数可展开为二阶泰勒级数：

$$\cos(\beta_z s) \approx 1 - \frac{(\beta_z s)^2}{2}$$

因此，电压降变为

$$V(x) = \frac{s}{\omega\varepsilon\delta}j\left(\frac{a}{2}\right) \cdot \sin\left(\frac{\pi x}{a}\right) \qquad (15-12)$$

平均电压由正弦函数的平均值给出：

$$V(x) = \frac{s}{\omega\varepsilon\delta}\frac{2}{\pi}j\left(\frac{a}{2}\right) \qquad (15-13)$$

另外，总电流可由面电流密度沿 x 轴的积分求得：

$$I = \frac{2a}{\pi}j_z\left(\frac{a}{2}\right) \qquad (15-14)$$

因此，平均电压可以表示为

$$V = \frac{s}{\omega\varepsilon(\delta \cdot a)}\frac{2a}{\pi}j_z\left(\frac{a}{2}\right) = |Z_c| \cdot I \qquad (15-15)$$

由于射频通道的总面积为 $\delta \cdot a$，所以电压可表示为接触阻抗与电流的乘积。

对于完全接触情形，即不考虑波导本身的表面粗糙度和可能的金属-金属接触层的裂缝，可由电磁场计算电压。对于完全没有接触的情形也可得出类似的公式，因此电压降可由无接触电容求得。这种连接是可能的，因为绝缘层的厚度比波长小得多，对于基波，磁场项对电压没有影响。因此，为了将电压降表示式推广到粗糙表面情形，必须将接触阻抗换成总有效阻抗 Z，这时平均电压用下式表示：

$$|V| = |Z| \cdot |I| \qquad (15-16)$$

15.2 波导法兰连接的 PIM 计算

为了简单起见，我们研究两个同相信号激起的 PIM 电平。双音情形的研究足以提供对波导连接中 PIM 情况的理解。通过研究同相情形，就等于考虑了最可能出现的情况。

$$V(t) = V_1 \sin(\omega_1 t) + V_2 \sin(\omega_2 t) \tag{15-17}$$

电压降 V_1 和 V_2 不同，因为它们通过趋肤深度与角频率 ω_1 和 ω_2 有关，由式 (15-16) 确定。采用两种方法计算 PIM 电平：第一种是数学方法，它使我们能够锁定某一个阶数，研究该阶 PIM 电平随不同参数变化的规律，这不需要任何关于 PIM 源的知识，因为进行了锁定，不需要进行其他阶的计算；第二种方法基于物理方法，失真源被看做 MIM 结构中的隧道效应，这种方法的目的是计算了某一阶的 PIM 后，就能预测其他阶的 PIM。

15.2.1 数学方法

根据非线性电阻的电流和电压之间的非线性关系可得 PIM 电平。从数学角度上电流可表示为电压的泰勒级数：

$$I(V) = \sum_{i=0}^{\infty} a_i [V_1 \sin(\omega_1 t) + V_2 \sin(\omega_2 t)]^i \tag{15-18}$$

这种非线性可以产生输入信号的谐波信号和互调信号。这里我们感兴趣的是落在与输入载波靠近的互调信号，即

$$I(V) = \sum_{i=0}^{\infty} a_i [V_1^m(x) V_2^n(x) \sin((m\omega_1 - n\omega_2)t)$$
$$+ V_2^m(x) V_1^n(x) \sin((m\omega_2 - n\omega_1)t)]^i \tag{15-19}$$

式中，对每一种情况有 $m+n=i$，i 是互调的阶数。我们将研究限制在 3 阶，即 $i=3$。

$$I(V) = a_3 [V_1^2(x) V_2(x) \sin((2\omega_1 - \omega_1)t)$$
$$+ V_2^2(x) V_1(x) \sin((2\omega_2 - \omega_1)t)]^3 \tag{15-20}$$

式中忽略了高阶情形。

因为 PIM 信号产生这样一个电流，其功率可由转换 (15-2) 所得的基波表达式求得。因此，以 dBm 为单位的 PIM 电平为

$$\mathrm{PIM(dBm)} = 10 \lg \left[\frac{P_{\mathrm{int}}[I(V)]}{1 \times 10^{-3}} \right] \tag{15-21}$$

式中，$P_{\mathrm{int}}[I(V)]$ 可由式 (15-14) 和式 (15-15) 求得。

如果对某个特别的机械负载，PIM 电平是可以测量出来的，可由此计算 V_1 和 V_2，进而计算式(15-20)中的 3 阶泰勒级数系数 a_3。然后可对 PIM 电平进行校准，对其他负载也可计算。在数值计算中，考虑标准的矩形波导，两个输入频率分别为 9.75 GHz 和 10.0 GHz。3 阶互调频率选在频谱的上端，即 10.25 GHz。如果没有明确声明，那么用于数值计算的参数为 $\eta = 94 \times 10^{10}$(每平方米的微粗糙数)，$r = 10$ μm，输入信号的功率为 $P = 100$ W(50 dBm)(每个载波)，$s = 4$ 和 $\varepsilon = 4$(相对单位)。

已对铝做了标准化($E = 70$ GPa，$\nu = 0.35$，$H = 245$ MPa)，假设 $\sigma = 0.5$ μm，施加于波导法兰的压力为 6×10^4 Pa 情况下，3 阶 PIM 电平为 -100 dBm。

在给出结果之前需要说明，已经假设，在接触响应中所涉及的区域恰好是绕着宽度等于趋肤深度腔的一圈。从电磁观点来看，由于趋肤深度近似的含义，所考虑的区域较大。另外，分析结果是根据施加的压强给出的，而不是根据施加的力给出的。无论如何，在低压强下，期望包含在波导接触中的面积大于几个趋肤深度。因此，对这种情况的压强通常很高，保证了这一种方法的适应性。

图 15-1 表示 PIM 电平随施加压强的变化规律(注意，对于 $\sigma = 0.5$ μm、压强为 6×10^4 Pa 的曲线，3 阶 PIM 电平为 -100 dBm)。作为一般行为，PIM 电平随所施加的压强缓慢减小，直到某个压强使其急剧减小。可这样解释，对低机械负载，接触电阻通过非接触电容起主导作用，因为接触面积很小。因此，PIM 电平缓慢减小，因为它与表面分离直接相关，表面分离也是缓慢减小。当机械负载继续增加时，接触电容和束缚电阻起主导作用，因此，PIM 电平急剧减小。

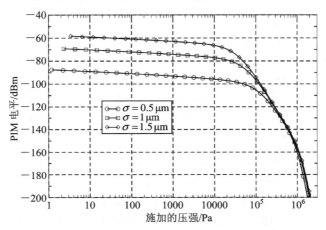

图 15-1　PIM 电平随施加压强的变化规律

为了比较粗糙程度对 PIM 电平的影响，选择三种不同的表面。为了合理地比较这三种结果，假设相同的电压降产生相同的 PIM 电平。然而，这并不是始终正确的，因为 PIM 机理与表面分离有关。对此解释又一次可以从这个事实中发现，低压下的电压降主要受非接触电容的影响。因此，如果粗糙度增加，那么对相同的压强表面隔离随之增大，引起非接触电容电阻的增加。但是，对大负载，PIM 电平不再依赖于粗糙度，因为主导因素变为接触电容和束缚电阻，其基本上依赖于表面清洁度。

图 15-2 示出了三种不同厚度覆盖层的 3 阶 PIM 电平，也研究了覆盖层厚度的影响与预期的结果相同：薄层越厚，PIM 电平越高。在这种低压情况下的 PIM 电平与厚度无关，因为非接触电容基本上与薄层厚度无关。但是，对于大负载，接触电容和束缚电阻起了主导作用。

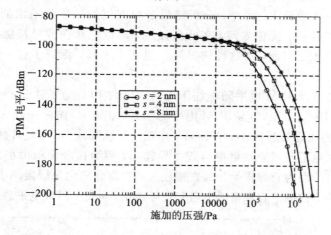

图 15-2　三种不同厚度覆盖层的 3 阶 PIM 电平

因为没有假设 PIM 激励的物理源，所以分析这些结果时必须谨慎。的确，实验上已经观测得到，如果金属遭受腐蚀，PIM 电平将增加。但是，如果隧道效应是主要的 PIM 源，那么除电压降外绝缘层的厚度也影响 PIM 电平。事实上，隧道影响随厚度指数下降，只有当 MIM 的电容在接触电阻中起主导作用时电压降才线性增加。

在研究无 PIM 波导法兰中的一个重要话题是涂敷。通常使用软金属，因为软金属提供更好的接触，从而具有更低的接触电阻。作为已研究并测量的实例，图 15-3 比较了铟和铝的 PIM 电平。为了方便起见，我们没有改变这两种金属的裂缝参数和氧化层厚度，虽然在实际中它们的值是不同的。这样做只是为了比较金属接触中机械特性的影响。另外，假设涂敷后并未改变表面特性（相同的粗糙度）以及机械响应仅由涂敷材料所致（涂敷足够厚），且之所以选择铟是由于其柔软性好（$E=11$ GPa，$\nu=0.45$，$H=9$ MPa），适用于波导涂敷，至少在第一次法兰紧固连接时，铟涂敷显示出很好的 PIM 响应。

图 15-3 表明，当波导法兰用铟涂敷时，PIM 电平大大降低。问题立即又出现了，为什么不用铟这样的软金属直接制作波导法兰呢？这是由于波导金属（铝）和用于连接它们的螺栓材料（铁/钢）的不同热膨胀系数造成的强大应力，如果材料太软，则存在这种可能性：在一个极端温度上发生塑性形变，在另一个极端温度到达之前不能恢复到原有形状，引起法兰之间压强的减小。

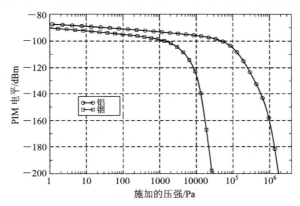

图 15-3　铝波导和镀铟铝波导的 3 阶 PIM 电平

断裂速度的影响如图 15-4 所示，使用了四个不同的 α 值。由图可以看出，在低负载情况下，没有观察到断裂函数的影响。裂缝增大的结果是，PIM 电平的急剧减小开始于较低压强值。

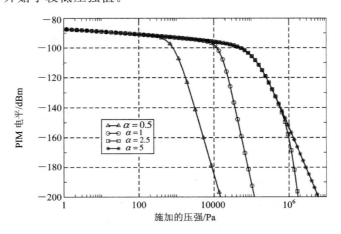

图 15-4　不同断裂速度的 3 阶 PIM 电平

基于以上分析，这个方法不提供关于高阶贡献的信息以及不能用于其他互调产物的计算。然而，有一个实验方法可以检查高阶互调贡献是否影响3阶互调产物。后面计算了给定阶数的 PIM 电平与输入信号功率比的函数关系。可以看出，最大值遵从 m/n 规则。对于 3 阶互调（$m=2$，$n=1$），最大值出现在 $m=2$ 的频率的功率是另一个信号功率（$n=1$）的 2 倍处（如图 15-5 所示）。然而，当互调阶数增加时，最大值对应的功率比越来越接近 1。在实验上，主要的困难可能是对图 15-5 最大值的定位，载波功率比为 1 时的 3 阶 PIM 电平与载波功率比为 2 时的 3 阶 PIM 电平（最大值）之差小于 1 dB。

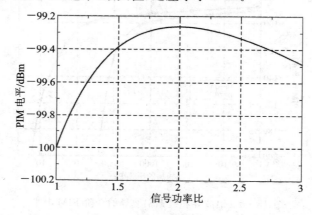

图 15-5　3 阶 PIM 电平与输入载波功率比的关系

为了计算更高阶 PIM，并包括其对低阶的贡献，通常有两种选择：① 采用数学非线性函数，这需要任意长的泰勒展开级数，这样做过于烦琐；② 采用基于物理函数的方法，这提供了有关这种现象物理特性的信息。我们采用第二种方法，因为 Bond 等人已经给出了隧道结产生 PIM 的物理解释。

15.2.2　物理方法

在物理方法中，隧道结被看做 MIM 结构中的 PIM 源，因此用于计算非线性电流。这种方法的主要优点是，可充分认识哪些物理参数直接影响 PIM 电平，一旦计算出一个互调频率上的 PIM 电平，就可以提炼出其他 PIM 电平。

除了电压降外，影响非线性强度的三个主要参数是绝缘层的厚度、介电常数和势垒高度。已知 PIM 参考值和所加的负载，可以改变这三个参数，以便获得与参考值相同的 PIM 电平。因为绝缘层厚度和介电常数影响电压降，所以只改变势垒高度以获得 PIM 电平值，隧道结厚度取物理层厚度的一半（2 nm）。这样选取的依据是，厚度是非均匀的，隧道电流随其按指数规律变化，这就产生比平均值更低的有效隧道宽度。在这种情况下，要研究所有的 PIM 谱。在时域必须进行傅里叶变换，以计算 $I(V)$，对应于每一个 PIM 信号。通过傅里叶变换进行数值计算，高阶的影响就考虑进去了。

　　图 15-6 反映了 3 阶运算后傅里叶变换的结果，可以看出在频谱上的 10.25 GHz 频率点上端部分(10.25 GHz)，3 阶互调功率与校准值(—100 dBm)相吻合。为了得到这个结果，我们以 MIM 区域内的隧道结为互调源，取势垒高度 0.305 eV；两个大峰对应于 PIM 信号，与输入载波发生干扰。输入载波的输入功率为 50 dBm，比 PIM 信号高出 150 dB。与期望情况相同，当互调阶数增加时(频率与输入频率越远)，互调电平减小。这种行为的偏差与波导电磁响应频率依赖性相关，这就影响结上的电压降(由式(15-15)和式(15-2)确定)，在很大程度上与高阶 PIM 对低阶 PIM 的影响有关。在图 15-6 中，在低于 7 GHz 处可以发现一个偏差，对于较高阶来说，PIM 电平略有增加。这个偏差是由式(15-21)中对截止频率来说功率和电流具有奇点而产生的。因此，对于落在接近截止频率附近的那些频率，信号功率增加。幸好，波导通常并不工作在截止频率附近，以避免损耗。

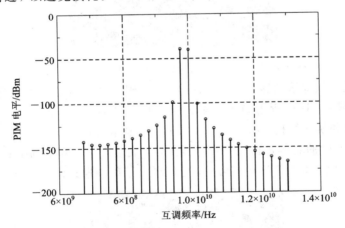

图 15-6　落入基带内的所有互调频率

15.3　波导法兰连接 PIM 的测量

　　为了对波导法兰连接的 PIM 进行测量，假设输入载波频率分别为

$$f_1 = 11.210\ \text{GHz}, \quad f_2 = 11.895\ \text{GHz}$$

则落入被测量的频谱上限的 3 阶 PIM 产物频率为

$$f_{\text{int}} = 2f_2 - f_1 = 12.580\ \text{GHz} \tag{15-22}$$

1. 测量样品

用于本节测量的样品是纯铝(纯度大于 99.9%)和镀银的铝 WR-90 波导法兰(22.86 mm×10.16 mm)。银的厚度约为 10 μm。铝作为基板材料,银作为涂敷材料,这是因为它们在空间应用中是最具有代表性的波导材料。

如图 15-7 所示,有两种不同的待测波导法兰。一种是六个螺孔的波导法兰,另一种是八个螺孔的波导法兰,八孔波导法兰用作与实验装置相连的接头,因为不会增加额外的 PIM 电平到噪声基底中,且可尽量使用最大可能的压力(如螺钉压强为 80 N/cm²)。待测法兰选用六孔法兰而不是标准法兰,是为了使机械不稳定性最小化。

图 15-7 六孔波导法兰与八孔波导法兰

除了纯铝波导法兰连接之外,我们可插入垫片以研究它们对波导法兰连接的 PIM 的影响。这里所用的垫片都是铝制的,厚度为 3 mm,具有两种结构,即平式结构和桥式结构。图 15-8 和图 15-9 显示了这些垫片的图片和设计参数。图 15-8 中的右侧是桥式垫片示意图,表面上看它与左侧的平式垫片很像,但由于腔的周围和外缘都略有抬高,所以增加了射频通道的接触压力。

图 15-8 平式垫片和桥式垫片示意图

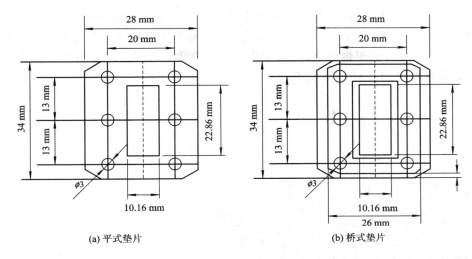

(a) 平式垫片　　　　　　　　　(b) 桥式垫片

图 15-9　垫片的尺寸

这些垫片的所有表面都进行了大约 0.4 μm 的修整。为了测量典型工程表面的 PIM 电平，这里没有做进一步的抛光处理。

施于螺栓的力矩是由标准螺丝刀进行测量的，这在所使用的力矩范围之内，精度可以达到 5% 以内。

2. 测量装置

由于极高灵敏度的要求，在 PIM 测量中一流的测量装置是至关重要的。对于每个输入载波功率为 170 W 的情形，所用测量装置的噪声基底为 −145 dBm。波导法兰无源互调的测量装置如图 15-10 所示。

两个输入载波由信号发生器(1,2)和功率放大器(3,4)产生。低通滤波器(7,8)用于抑制放大器产生的谐波，隔离器(5,6)用于抑制任何到达放大器的反射信号，选用的滤波器(9,10)用于降低 PIM 频率处的噪声(大约降低 −55 dB)，功率计(15,16)用于测量两个载波的功率，调节功率计用于显示低通滤波器(18)输出端的功率(考虑了损耗和耦合器的耦合因子之后)。两个输入载波用发射双工器(17)进行合成，在输入频率处该双工器在通道间产生的干扰大约为 −55 dB。低通滤波器(18)用于抑制产生于待测器件(19)之前的 PIM(在 PIM 频率处可以抑制大约 −70 dB)。接收双工器(20)将 PIM 产物与载波分离，并通过低通滤波器(23)进一步抑制载波。低通滤波器(21)用于抑制产生于负载(22)之前的 PIM(可抑制大约 −70 dB)。

为了在待测器件的输出端准确地测量 PIM 功率，在 PIM 频率处要对检测单元进行校准，这包括对待测器件的输出端口到频谱分析仪的输入端口之间损耗和放大量的测量。由于低噪声放大器(25)位于该通道内部，所以在检测通道之前安装了一个衰减器(24)来抑制放大器或频谱分析仪输入端的过驱动。在实验中，用这种方法测量的衰减/放大作为参考电平，从而使测量结果可以表示待测器件输出端口的 PIM 功率电平。

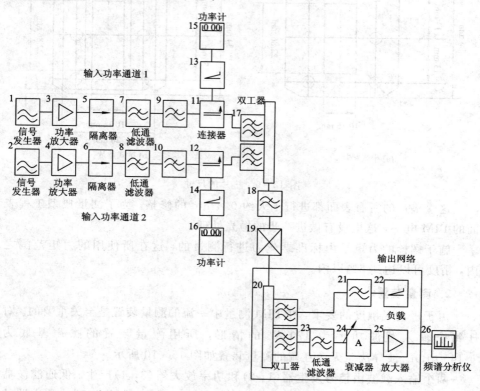

图 15 - 10　波导法兰无源互调测量装置

附录 A　限幅器的傅里叶系数

1. 分段线性软限幅器的傅里叶系数

$$\phi(x) = \sum_{m=1}^{\infty} b'_m \sin \frac{m\pi x}{A}$$

$$b'_m = \frac{1}{A} \int_{-A}^{A} \phi(x) \sin \frac{m\pi x}{A} dx$$

分部积分，得

$$b'_m = -\frac{1}{A} \left[\phi(x) \frac{\cos\left(\dfrac{m\pi x}{A}\right)}{\dfrac{m\pi}{A}} \right]_{-A}^{A} + \frac{1}{m\pi} \int_{-A}^{A} \phi'(x) \cos\left(\frac{m\pi x}{A}\right) dx$$

注意到在 x＝±A 时，$\phi(x)=0$，得

$$b'_m = \frac{1}{m\pi} \int_{-A}^{A} \phi'(x) \cos\left(\frac{m\pi x}{A}\right) dx$$

进行以上积分，得

$$b'_m = \frac{2KA}{x_p m^2 \pi^2} \sin\left(\frac{m\pi x_p}{A}\right)$$

代回到 f(x)，得

$$f(x) = \phi(x) + \frac{K}{A}x = \sum_{m=1}^{\infty} b'_m \sin \frac{m\pi x}{A} + \frac{K}{A}x$$

2. 光滑软限幅器的傅里叶系数

归一化 A＝K＝1，有

$$\phi(x) = \sum_{m=1}^{\infty} b'_m \sin m\pi x$$

$$b'_m = \int_{-1}^{1} \phi(x) \sin m\pi x \, dx$$

分部积分，得

$$b'_m = \frac{2}{m\pi} - \frac{2\pi m}{b^2 + m^2 \pi^2}(1 - e^{-b} \cos m\pi)$$

附录 B　Z 的尾分布 $Q(z)$（文中式（6-27））的推导

首先推导在计算 $Q(z)$ 时要用到的 $\varphi(0)$ 的值。由式（6-26）知

$$f(r) = \frac{1}{2\pi}\int_{-\infty}^{\infty}\varphi(u)\exp(-\mathrm{j}ur)\mathrm{d}u \tag{B-1}$$

又由概率密度函数 $f(r)$ 的归一化条件可知

$$\int_{-\infty}^{\infty}f(r)\mathrm{d}r = 1 \tag{B-2}$$

将式（B-1）代入式（B-2），得

$$\int_{-\infty}^{\infty}\varphi(u)\mathrm{d}u\left(\frac{1}{2\pi}\int_{-\infty}^{\infty}\exp(-\mathrm{j}ur)\mathrm{d}r\right) = 1 \tag{B-3}$$

而

$$\frac{1}{2\pi}\int_{-\infty}^{\infty}\exp(-\mathrm{j}ur)\mathrm{d}r = \delta(u) \tag{B-4}$$

将式（B-4）代入式（B-3），得

$$\int_{-\infty}^{\infty}\varphi(u)\delta(u)\mathrm{d}u = 1$$

又

$$\int_{-\infty}^{\infty}\varphi(u)\delta(u)\mathrm{d}u = \varphi(0)$$

所以

$$\varphi(0) = 1 \tag{B-5}$$

下面推导 $Q(z)$ 的表示式。

$$
\begin{aligned}
Q(z) &= P(Z>z) = \int_{z}^{\infty}\mathrm{d}r\frac{1}{2\pi}\int_{-\infty}^{\infty}\varphi(u)\exp(-\mathrm{j}ur)\mathrm{d}u \\
&= \frac{1}{2\pi}\int_{-\infty}^{\infty}\varphi(u)\mathrm{d}u\int_{z}^{\infty}\exp(-\mathrm{j}ur)\mathrm{d}r \\
&= \frac{1}{2\pi}\int_{-\infty}^{\infty}\varphi(u)\mathrm{d}u\left[\int_{0}^{\infty}\exp(-\mathrm{j}ur)\mathrm{d}r - \int_{0}^{z}\exp(-\mathrm{j}ur)\mathrm{d}r\right] \\
&= \frac{1}{2\pi}\int_{-\infty}^{\infty}\varphi(u)\mathrm{d}u\left[\pi\delta(u) - \int_{0}^{z}\exp(-\mathrm{j}ur)\mathrm{d}r\right] \\
&= \frac{1}{2}\int_{-\infty}^{\infty}\varphi(u)\delta(u)\mathrm{d}u - \frac{1}{2\pi}\int_{-\infty}^{\infty}\varphi(u)\mathrm{d}u\int_{0}^{z}\exp(-\mathrm{j}ur)\mathrm{d}r
\end{aligned}
$$

$$= \frac{1}{2} \varphi(0) - \frac{1}{2\pi} \int_{-\infty}^{\infty} \varphi(u) \mathrm{d}u \, \frac{\exp(-\mathrm{j}ur)}{-\mathrm{j}u} \Big|_{r=0}^{z}$$

$$= \frac{1}{2} - \frac{1}{2\pi} \int_{-\infty}^{\infty} \varphi(u) \, \frac{1 - \cos uz}{\mathrm{j}u} \, \mathrm{d}u - \frac{1}{2\pi} \int_{-\infty}^{\infty} \varphi(u) \, \frac{\sin uz}{u} \mathrm{d}u \qquad (\text{B} - 6)$$

以上推导中用了式$(\text{B} - 5)$和下式：

$$\int_{0}^{\infty} \exp(-\mathrm{j}ur) \mathrm{d}r = \pi \delta(u)$$

在式$(\text{B} - 6)$中注意到 $\varphi(u)$ 为偶函数，则第二项的积分为零，第三项的积分为 $0 \rightarrow \infty$ 积分的 2 倍。式$(\text{B} - 6)$简化为

$$Q(z) = \frac{1}{2} - \frac{1}{\pi} \int_{0}^{\infty} \varphi(u) \, \frac{\sin uz}{u} \mathrm{d}u$$

这正好就是式$(6 - 27)$。

附录 C 高斯过程的尾分布

高斯随机过程的一维分布的概率密度函数为

$$f(r) = \frac{1}{\sqrt{2\pi}}\exp\left(-\frac{r^2}{2}\right)$$

其尾分布为

$$Q(z) = P(Z > z) = \int_0^\infty f(r)\,\mathrm{d}r = \int_z^\infty \frac{1}{\sqrt{2\pi}}\exp\left(-\frac{r^2}{2}\right)\mathrm{d}r$$

$$= \frac{1}{2} \cdot \frac{2}{\sqrt{\pi}}\int_{\frac{z}{\sqrt{2}}}^\infty \exp(-y^2)\,\mathrm{d}y = \frac{1}{2}\mathrm{erfc}\left(\frac{z}{\sqrt{2}}\right)$$

$$= \frac{1}{2}\left[1 - \mathrm{erf}\left(\frac{z}{\sqrt{2}}\right)\right]$$

式中，$\mathrm{erf}(x)$ 和 $\mathrm{erfc}(x)$ 分别为误差函数和互补误差函数，其定义如下：

$$\mathrm{erf}(x) = \frac{2}{\sqrt{\pi}}\int_0^x \exp\left(\frac{-y^2}{2}\right)\mathrm{d}y$$

$$\mathrm{erfc}(x) = \frac{2}{\sqrt{\pi}}\int_x^\infty \exp\left(\frac{-y^2}{2}\right)\mathrm{d}y = 1 - \mathrm{erf}(x)$$

附录 D　二载波 n 阶 PIM 的输出功率
(文中式(12－35))的推导

对于两个未调制载波,我们希望求得落入接收通道内的失真功率。对 n 阶非线性,最低频率产物是 $\left(\dfrac{(n+1)}{2}\right) \cdot A - \left(\dfrac{(n-1)}{2}\right) \cdot B$。对于 $n=9$,产物是 $5 \cdot A - 4 \cdot B$。由下列表达式出发:

$$y = S^{\frac{n}{2}} (\cos A + \cos B)^n \tag{D-1}$$

使用二项式展开,当 n 为奇数时,

$$y = S^{\frac{n}{2}} (C_0^n \cos^n(A) + C_1^n \cos^{n-1}(A)\cos(B) + \cdots + C_{\frac{n+1}{2}}^n \cos^{\frac{n-1}{2}}(B) \cdots) \tag{D-2}$$

选择 $C_{\frac{n+1}{2}}^n$ 项,提取余弦产物 $\dfrac{n+1}{2}$ 和 $\dfrac{n-1}{2}$ 作为我们所需要的项,可展开 $C_{\frac{n+1}{2}}^n$,且

$$y_1 = \frac{n!}{\left(\dfrac{n+1}{2}\right)! \left(\dfrac{n-1}{2}\right)!} S^{\frac{n}{2}} \cos^{\frac{n+1}{2}}(A) \cos^{\frac{n-1}{2}}(B) \tag{D-3}$$

使用 $\dfrac{1}{2} + \cos(2x)$ 的展开式,可进一步将 $\cos^{\frac{n+1}{2}}(A)$ 和 $\cos^{\frac{n+1}{2}}(B)$ 展开为

$$y_1 = \frac{n!}{\left(\dfrac{n+1}{2}\right)! \left(\dfrac{n-1}{2}\right)! 2^{n-1}} S^{\frac{n}{2}} \cos\left(\frac{n+1}{2}A - \frac{n-1}{2}B\right) \tag{D-4}$$

定义 $C(n)$ 为

$$C(n) = \frac{n!}{\left(\dfrac{n+1}{2}\right)! \left(\dfrac{n-1}{2}\right)! 2^{n-1}} \tag{D-5}$$

二载波情形幂级数展开中的失真输出功率为

$$d_0 = a_n^2 C^2(n) S_2^n \tag{D-6}$$

这并不包括线性项。

附录 E 正弦波输入通过窄带滤波后
幂级数中的输出振幅

假设输入为余弦信号：

$$z(t) = A \cos\omega_0 t \qquad (E-1)$$

输出具有下列一般形式：

$$v(t) = g[A \cos\omega_0 t] \qquad (E-2)$$

由于 $v(t)$ 为偶函数，所以可展开成下列形式的傅里叶级数：

$$v(t) = g[A \cos\omega_0 t] = \sum_{m=0,1,2,\cdots}^{\infty} A_m \cos m\omega_0 t \qquad (E-3)$$

令 $\omega_0 t = x$，可由式（E-3）的傅里叶系数得到奇次传递函数 $g_0(z) = a_k z^k = a_k A^k (\cos x)^k$，$k=1,2,3,\cdots$ 情况下基本分量的幅度 A_1 为

$$A_1 = \frac{1}{\pi} \int_{-\pi}^{\pi} g_0(A\cos x)\cos x \, \mathrm{d}x$$

$$= \frac{4}{\pi} \int_{0}^{\frac{\pi}{2}} g_0(A\cos x)\cos x \, \mathrm{d}x$$

$$= a_k A^k \frac{4}{\pi} \int_{0}^{\frac{\pi}{2}} (\cos x)^{k+1} \, \mathrm{d}x$$

$$= a_k C(k) A^k \qquad (E-4)$$

式中，

$$C(k) = \frac{k!}{\left(\dfrac{k-1}{2}\right)! \left(\dfrac{k+1}{2}\right)! 2^{k-1}} \qquad (E-5)$$

以上计算还用到了积分公式：

$$\int_{0}^{\frac{\pi}{2}} (\cos x)^{k+1} \mathrm{d}x = \frac{\pi}{4} \cdot \frac{k!}{\left(\dfrac{k-1}{2}\right)! \left(\dfrac{k+1}{2}\right)! 2^{k-1}} \qquad (k=1,2,3,\cdots)$$

因此，基本信号的幅度可写为

$$g_1(A) = A_1 = a_1 C(1) A + a_3 C(3) A^3 + a_5 C(5) A^5 + \cdots \qquad (E-6)$$

输出信号中的奇次谐波分量都被窄带通滤波器滤掉了，仅剩下基本频率处的输出分量：

$$g_0 = A_1 \cos\omega_0 t = (a_1 C(1) A + a_3 C(3) A^3 + a_5 C(5) A^5 + \cdots)\cos\omega_0 t$$

$$(E-7)$$

附录 F 关于 $\tilde{I}_{q,p,k}(x)$ 的非齐次微分方程
(文中式(14-6))在 $\omega_{2,-1}$ 处的互调解

非齐次微分方程(14-6)在 $\omega_{2,-1}$ 处的特解为

$$F_{2,-1,1}(x) = 3(\mathrm{j}\omega_{2,-1}C + G) \times \left(\frac{A_{1,0,0}^2 A_{0,-1,0}\exp(-(2\gamma_{1,0} + \gamma_{0,-1})x)}{(2\gamma_{1,0} + \gamma_{0,-1})^2 - \gamma_{2,-1}^2} \right.$$

$$+ \frac{A_{1,0,0}^2 B_{0,-1,0}\exp(-(2\gamma_{1,0} - \gamma_{0,-1})x - \gamma_{0,-1}l)}{(2\gamma_{1,0} - \gamma_{0,-1})^2 - \gamma_{2,-1}^2}$$

$$+ \frac{2A_{1,0,0}B_{1,0,0}A_{0,-1,0}\exp(-2\gamma_{0,-1}x - \gamma_{1,0}l)}{\gamma_{0,-1}^2 - \gamma_{2,-1}^2}$$

$$+ \frac{2A_{1,0,0}B_{1,0,0}B_{0,-1,0}\exp(\gamma_{0,-1}(x-l) - \gamma_{1,0}l)}{\gamma_{0,-1}^2 - \gamma_{2,-1}^2}$$

$$+ \frac{B_{1,0,0}^2 A_{0,-1,0}\exp((2\gamma_{1,0} - \gamma_{0,-1})x - 2\gamma_{1,0}l)}{(2\gamma_{1,0} - \gamma_{0,-1})^2 - \gamma_{2,-1}^2}$$

$$\left. + \frac{B_{1,0,0}^2 B_{0,-1,0}\exp((2\gamma_{1,0} + \gamma_{0,-1})(x-l))}{(2\gamma_{1,0} + \gamma_{0,-1})^2 - \gamma_{2,-1}^2} \right)$$

参 考 文 献

[1] Lui P L. Passive intermodulation interference in communication systems，IEE Electronics & Communication Engineering Journal. Jun. 1990，2(3)：109 – 118.

[2] Helme B G M. Passive intermodulation of ICT components. IEE Colloquium on Screening Effectiveness Measurements，May 1998，1/1 – 1/8.

[3] Christpher F Hoeber，David L Pollard，Robert R Nicholas. Passive intermodulation product generation in high power communications satellites. AIAA 11th Conference on Communication Satellite Systems. San Diego，California，USA，1986，361 – 374.

[4] Pietro Bolli，Stefano Selleri，and Giuseppe Pelosi. Passive intermodulation on large reflector antennas. IEEE Antenna's and Propagation Magazine. Oct. 2002，44(5)：13 – 20.

[5] Stefano Selleri，Pietro Bolli，and Giuseppe Pelosi. Automatic evaluation of the nonlinear model coefficients in passive intermodulation scattering via genetic algorithms. 2003 IEEE. 390 – 393.

[6] Sami Hienonen，Pertti Vainikainen，and Antti V Raisanen. Sensitivity measurements of a passive intermodulation near-field scanner. IEEE Antenna's and Propagation Magazine. Aug. 2003. 45(4)：124 – 129.

[7] Stefano Selleri，Pietro Bolli and Giuseppe Pelosi. A time – domain physical optics heuristic approach to passive intermodulation scattering. IEEE Trans on EMC，Feb. 2001，43(2)：142 – 149.

[8] 王辉球. 无源互调问题的初步研究. 西安：航天工业总公司第五〇四研究所硕士论文，1997 年 4 月.

[9] Sea R G. An algebraic formula for amplitudes of intermodulation products involving an arbitrary number of frequencies. Proc. IEEE，Aug. 1968，56(8)：1388 – 1389.

[10] Bayrak M，Benson F A. Intermodulation products from nonlinearities in transmission Lines and connectors at microwave frequencies. Proc. IEE. London. Apr. 1975，63(4)：361 – 367.

[11] Chapman R C，Rootsey J V，Polidi I. Hidden threat multicarrier passive component IM Generation. AIAA 6th Communications Satellite Systems Conference. Montreal，Canada，1976：296/1 – 9.

[12] Higa W H. Spurious signals generated by electron tunneling on large reflector antennas. Proc. of the IEEE，Feb. 1975，63(2)：306 – 313.

[13] Lui P L，Rawlins A D. The design and improvement of PIMP measurement facilities and the measurement of PIMP in antenna structures. IEE Electronics Division Colloquium on Passive Intermodulation Products in Antennas and Related Structures. Savoy Place，London，June 1989.

[14] Aspden P L，Anderson A P，Bennett J C. Evaluation of the intermodulation product performance of reflector antennas and related structures by microwave imaging. IEE Electronics Division Colloquium on Passive Intermodulation Products and Related Structures. London. 1989. 4/1 - 4/6.

[15] Eng K Y，Stern T E. The order-and-type prediction problem arising from passive intermodulation interference in communications satellites. IEEE Trans on Comm. May 1981，29(5)：549 - 555.

[16] Kumar A. Passive IM products threaten high power satcom systems. Microwave & RF. Dec. 1987，26(3)：98 - 103.

[17] 张世全，葛德彪，殷世民，等. 基于傅里叶变换法的稳态二次电子倍增放电求解. 微波学报，2004，20(4)：44 - 48.

[18] 张世全，殷世民，葛德彪. 星载微波器件无源互调与二次电子倍增放电的产生与抑制. 安全与电磁兼容，2003，1(3)：12 - 14.

[19] Tang W C，Kudsia C M. Multipactor breakdown and passive intermodulation in microwave equipment for satellite applications. Military Communications Conference，1990. MILCOM'90. 1990 IEEE：181 - 186.

[20] 张世全，葛德彪. 通信系统中的无源互调干扰的产生机理及其减小措施. Sup. 2002，第六届微波电磁兼容全国学术会议. 银川.

[21] 张世全，葛德彪. 通信系统中的无源非线性产生的互调干扰. 陕西师范大学学报，2004，32(1)：58 - 62.

[22] 张世全，葛德彪. 基于傅里叶级数法的互调产物一般特性分析. 电波科学学报，2005，20(2)：265 - 268.

[23] 张世全，葛德彪，傅德民. 幂级数法对无源交调幅度和功率的预测. 西安电子科技大学学报，2002，29(3)：404 - 407.

[24] Kai Y Eng，On Ching Yue. High-order Intermodulation effects in digital satellite channels. IEEE Trans on Aero. & Elec. Sys，1981，17(3)：438 - 445.

[25] 李必俊. 随机过程. 西安：西安电子科技大学出版社，1993：15 - 18.

[26] 张世全，傅德民，葛德彪. 无源互调干扰对通信系统抗噪性能的影响. 电波科学学报，2002，17(2)：138 - 142.

[27] 樊昌信，徐炳祥，吴成柯. 通信原理. 北京：国防工业出版社，1980：265 - 267.

[28] Riddle L P. Two-tone intermodulation analysis of communication satellite transponders. IEEE 1985 International Conference on Communications. Chicago，USA，1985.

[29] 张世全，葛德彪，魏兵. 微波频段金属接触非线性引起的无源互调功率电平的分析和

预测. 微波学报，2002，18（4）：26－30.

[30] Brad Deats，Rick Hartman. Measuring the passive-IM performance of RF cable assemblies. Microwave & RF. 1997，36(3)：108－114.

[31] Abuelma'atti M T. Predition of passive intermodulation arising from corrosion. IEE Proceedings of Science Measurement & Technology. 2003. 150(1)：30－34.

[32] Manfred Lang，Spinner GmbH. The intermodulation problem in mobile communications. Microwave Journal. 1995，38(5)：20－28.

[33] Boyhan J W，Lenzing H F，Koduru C. Satellite passive intermodulation：system considerations. IEEE Transactions on Arospace and Electronic Systems. Mar. 1996，32(3)：1058－1064.

[34] Zhang Shiquan，Ge Debiao. Evaluation of power spectral density of passive intermodulation distortion in high－power communication satellite system. Journal of Electronics (China). Jun. 2005.

[35] Boyhan J W. Ratio of Gaussian PIM to two-carrier PIM. IEEE Trans on Aerospace and Electronic Systems. Apr. 2000，36(4)：1336－1342.

[36] Henrie J，Christianson A，Chappell W J. Linear-nonlinear interaction，s effect on the power dependence of nonlinear distortion products，Appl. Phys. Lett.，vol. 94，Mar. 2009，Art. ID 114101.

[37] Henrie J，Christianson A，Chappell W J. Linear-nonlinear interaction and passive intermodulation distortion，IEEE Trans. Microw. Theory Tech.，2010，58(5)：1230－1237.

[38] Henrie J，Christianson A，Chappell W J. Engineered passive nonlinearities for broadband passive intermodulation distortion mitigation. IEEE Microwave and Wireless Components Letters，2009，19(10)：614－616.

[39] 张世全，陈勇进，阎文韬，等. 基于双曲正切函数模型的高阶 PIM 产物预测. 应用光学，Dec. 2012，32(z)：95－97.

[40] 张世全. 印刷电路无源互调的产生机理及抑制技术. 电波科学学报，Aug. 2013，28(z)：287－290.

[41] ROCAS et al. Passive intermodulation due to self－heating in printed transmission lines. IEEE T－MTT，2011，59(2)：311－322.

[42] Collao C，Mateu J，O'Callaghan J M. Analysis and simulation of the effects of distributed nonlinearities in microwave superconducting devices. IEEE Transactions on Applied Superconductivity，2005，15(1)：26－39.

[43] Zelenchuk D E，Shitvov A P，Schuchinsky A G，et al. Passive intermodulation in finite lengths of printed microstrip lines. IEEE T－MTT，2008，56(11)：2426－2434.

[44] Wilkson J R，Gard K G，Schuchinsky A G，et al. Electro-thermal theory of intermod-

ulation distortion in lossy microwave components. IEEE Transactions on Microwave Theory and Techniques，2008，56(12)：2717 - 2725.

[45] Farrokh Arazm , Frank A Benson . Nonlinearities in metal contacts at microwave frequencies. IEEE Trans. EMC. , Mar. 1980，22(3)：142 - 149.

[46] Zhang Shiquan, Zeng Jun, Jiang Kexia, et al, The third order passive intermodulation analysis of cable connector in mobile communication systems. Proceedings of ISAPE2010. Guangzhou, Dec. 2010, IEEE Press.

[47] Zhang Shiquan . Analysis of passive intermodulation based on Taylor polynomial . Proceedings of 2 0 1 1 Second International Conference on Mechanic Automation and Control Engineering. July 2011，IEEE Press. Huhehot, Inner Mogolia，China. 3869 - 3871.

[48] Jiang Jianghu, Zhang Shiquan, Wu Shaozhou, et al. Prediction of passive intermodulation power level based on double exponential function model and genetic algorithm. Proceedings of CSQRWC2011. July 2011，Harbin. 307 - 310.

[49] Wu Shaozhou, Zhang Shiquan, Jiang Jianghu. Research on electromagnetic scattering characteristics of electrically large object based on time-domain physical optics. Proceedings of CSQRWC2011. July 2011，Harbin. 123 - 126.

[50] 叶鸣，贺永宁，王新波，等. 金属波导连接的无源互调非线性物理机制和计算方法. 西安交通大学学报，2011，45(2)：82 - 85.

[51] 张世全. 微波与射频频段无源互调干扰研究. 西安：西安电子科技大学博士论文，2004 年 12 月.